国家林业和草原局职业教育"十三五"规划教材

家具制造实训

陈慧敏　熊伟　郭叶莹子　主编

FURNITURE MANUFACTURING TRAINING

中国林业出版社
China Forestry Publishing House

数字资源

图书在版编目（CIP）数据

家具制造实训/陈慧敏，熊伟，郭叶莹子主编. —北京：中国林业出版社，2021.12（2024.12重印）

国家林业和草原局职业教育"十三五"规划教材

ISBN 978-7-5219-1435-1

Ⅰ.①家… Ⅱ.①陈… ②熊… ③郭… Ⅲ.①家具—生产工艺—高等职业教育—教材 Ⅳ.①TS664.05

中国版本图书馆CIP数据核字(2021)第250135号

中国林业出版社·教育分社

策划编辑：杜 娟 田夏青　　责任编辑：田 苗 赵骑旎
电　　话：(010) 83143529　　传　　真：(010) 83143516

数字资源

出版发行	中国林业出版社（100009 北京市西城区刘海胡同7号）
	E-mail：jiaocaipublic@163.com
	http://www.forestry.gov.cn/lycb.html
印　刷	北京中科印刷有限公司
版　次	2021年12月第1版
印　次	2024年12月第2次印刷
开　本	787mm×1092mm　1/16
印　张	7
字　数	148千字
定　价	40元

未经许可，不得以任何方式复制或抄袭本书之部分或全部内容。

版权所有 侵权必究

编写人员

主　　编：陈慧敏　熊　伟　郭叶莹子
副 主 编：孙　伟　邵国亮　马俊颖
编写人员：（按姓氏拼音排序）

陈慧敏	江苏农林职业技术学院
郭叶莹子	江苏农林职业技术学院
卢海峰	丽水职业技术学院
马俊颖	江苏农林职业技术学院
瞿锦卫	南京欣铨胜成套设备有限公司
邵国亮	扬州汇川成套设备有限公司
孙　伟	南京鼎盛昌木工机械有限公司
汪慧琳	苏州农业职业技术学院
熊　伟	江苏农林职业技术学院
徐俊华	西南林业大学
张　琪	江苏农林职业技术学院

前言

家具制造实训课程目前是家具设计与制造、家具艺术设计、木业产品设计与制造等专业均会涉及到的实训课程，学生在学习了材料及其特性、木工机械基础、典型制造工艺等方面的理论知识基础上进行实训实践，是相关专业必不可少的实践课程。

家具的种类很多，本教材以实木家具制作案例为基础，细化到具体工序，让学生在做中学、学中做，增加了学习兴趣，也提高实践技能。

本教材分为两大模块：一是机械设备模块，包括台锯、平刨、压刨、带锯、台钻、木工立轴铣床、车床、手持电动工具、手持手动工具、实验室除尘十个部分。主要讲解常用设备的基本知识和使用技巧，培养学生扎实的机器设备使用技能，提高安全意识。二是实操模块，包括燕尾榫木盒的制作、吧台凳的制作、靠背椅的制作、高脚柜的制作、安娜女王茶桌的制作、换鞋凳的制作六个实例项目。主要在熟悉常用机器设备的基础上，培养学生实际操作能力，通过实际案例，熟悉掌握常见各类型实木家具的制作工艺。

本教材以"实用""够用"为原则，以培养学生职业能力为本源，理论联系实际，图文并茂，易于理解，可作为家具设计与制造、家具艺术设计、木业产品设计与制造等相关专业的教材或教学参考，也可作为家具企业和设计公司的专业技术人员的学习参考资料或家具企业的培训教材。

本教材由陈慧敏、熊伟、郭叶莹子主编，具体编写分工如下：孙伟编写模块一单元一、二、三；瞿锦卫编写模块一单元四、五；卢海峰编写模块一单元六、七；徐俊华编写模块一单元八、九；汪慧琳编写模块一单元十；邵国亮、陈慧敏编写模块二单元一、二、六；熊伟编写模块二单元三；马俊颖编写模块二单元四；郭叶莹子编写模块二单元五；张琪编辑、处理本教材所有图片。本书由陈慧敏统稿。在此对所有支持本教材编写工作，提供素材的单位和个人表示谢意。

本教材的编写过程中参考了有关文献资料，谨在此向其作者致以衷心的感谢。

由于编者自身水平有限，案例仅涉及实木类家具，其他诸如板式家具、金属家具等类型的家具并未能举例，恳请读者批评和指正。另外，本教材的同步课程资源也在不断更新中，敬请关注。

目录

前言

模块一 机械设备 1

单元一 台锯 2
一、台锯的分类 2
二、台锯的结构 3
三、台锯的使用方法 5

单元二 平刨 11
一、平刨的分类 11
二、平刨的结构 12
三、平刨的使用方法 12

单元三 压刨 16
一、压刨的分类 16
二、压刨的结构 16
三、压刨的使用方法 17

单元四 带锯 20
一、带锯的分类 20
二、带锯的结构 21
三、带锯的使用方法 22

单元五 台钻 25

单元六 木工立轴铣床 27
一、木工立轴铣床的分类 27
二、木工立轴铣床的结构 28
三、木工立轴铣床的使用方法 29

单元七 车床 31
一、车床的分类 31
二、车床的结构 32
三、车床的使用方法 33
四、车刀 34

单元八　手持电动工具 37
一、斜切锯 37
二、手电钻 37
三、电木铣 38
四、木榫连接开榫机 39
五、手持磨机 39

单元九　手持手工工具 41
一、手锯 41
二、手刨 41
三、木工凿 42
四、木工锤 43
五、木工锉 43
六、木工夹具 44

单元十　实验室除尘 46
一、木工实验室内的设备种类、类型和集尘方式 47
二、除尘设备的选型 47
三、集尘设备的使用 48

模块二　实操 49

项目一　燕尾榫木盒子 50
一、部件分解 50
二、分步制作详解 51

项目二　吧台凳 57
一、部件分解 57
二、分步制作详解 58

项目三　靠背椅 61
一、部件分解 61
二、分步制作详解 62

项目四　高脚柜 73
一、部件分解 73
二、分步制作详解 74

项目五　安娜女王茶桌 82
一、部件分解 82
二、分步制作详解 82

项目六　换鞋凳 96
一、部件分解 96
二、分步制作详解 96

参考文献 103

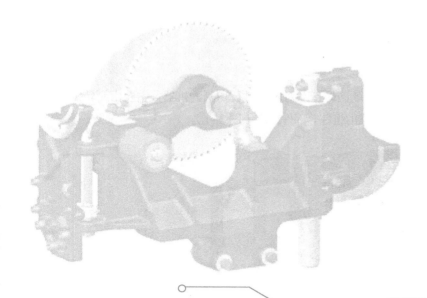

模块一
机械设备

单元一　台锯
单元二　平刨
单元三　压刨
单元四　带锯
单元五　台钻
单元六　木工立轴铣床
单元七　车床
单元八　手持电动工具
单元九　手持手工工具
单元十　实验室除尘

单元一 台　锯

台锯，又称圆锯机，是利用圆锯片的回转运动对木材进行切割的机器，主要由旋转锯片机构、切割材料基准工作面和锯切定尺寸靠山组件等部件组成（图 1-1）。

图 1-1　现代台锯

一、台锯的分类

通常台锯的类型和规格以锯片的直径划分，锯片的直径为 255~457mm，锯片直径越大，锯切厚度越厚。为满足锯切的任务要求，台锯在结构上产生了许多变化，延伸出众多分类（表 1-1）。

表 1-1　台锯的分类

类型	台锯名称	英文名称
便携台锯	台式台锯	Benchtop Saw
	紧凑式台锯	Compact Saw
	工作现场式台锯	Jobsite Saw
固定台锯	包工头式台锯	Contractor Saw
	混合式台锯	Hybrid Saw
	橱柜式台锯	Cabinet Saw
欧款台锯	推台锯/裁板锯	Sliding Table /Panel Saw
其他台锯	迷你锯/微型锯	Mini and micro Table Saw

台锯是高校木工实验室中使用最广泛的工具之一，主要用于板材、方材的锯切加工和精细加工。实验室内主要使用固定台锯（图 1-2）、欧款台锯（图 1-3）和其他台锯。

图 1-2　固定台锯

图 1-3　欧款台锯（推台锯）

二、台锯的结构

固定台锯的锯切旋转机构一般由锯轴枢轴、前耳轴、后耳轴、锯轴轴承座、锯片高程和角度手轮、调整锯片倾斜扇齿轮、传动皮带及电机组成，如图 1-4 所示。

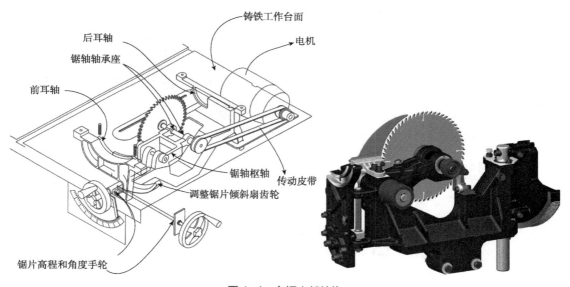

图 1-4　台锯内部结构

固定式台锯通常是箱体式结构，通过箱体前侧和右侧的手轮，可以分别实现锯片的升级调节和倾角调节。借助台锯的纵切导引靠山，可以实现纵向破料锯切。通过横截导引靠山可以实现横向端面截断锯切、倾斜角度锯切。在配合锯片倾斜角度时，使用横截导引靠尺还能实现复合倾斜角度的锯切。

在锯片安装位，有一块红色的保护板，又称台锯嵌板（图 1-5），这块保护板是防止木料锯切时薄料掉入锯腔或产生夹锯的危险，分为标准保护板（图 1-6）、零间隙保护板（图 1-7）、DADO 保护板（图 1-8）。

图 1-5 台锯嵌板

图 1-6 标准保护板

图 1-7 零间隙保护板

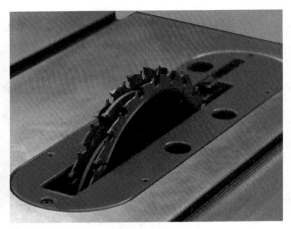

图 1-8 DADO 保护板

在台锯锯切工作时，红色保护板又可以起到警示作用，警示操作者在操作时，手的位置要在红色区域以外，如图 1-9 所示。

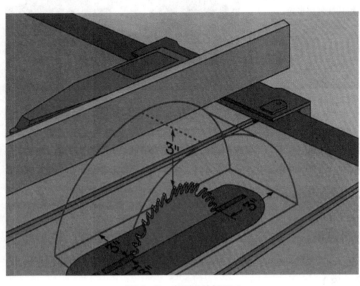

图 1-9 危险区域图示

三、台锯的使用方法

1. 台锯的使用技巧

在使用台锯时,应熟练使用锯片护罩、劈刀板和防反弹棘爪。劈刀板和防反弹棘爪将反弹或回射的机会降到最低。反弹最常发生在锯切过程中,通常是当木料从锯切靠山处扭离,刚好足以接触到锯片后半部的锯齿时,被高速抬起并进行旋转运动。此时,这些锯齿可以抓住木料,抬起工件并立即将其推出,通常是反弹冲击至正后方的操作者。但若锯片后面装有劈刀板,则有助于防止木料接触到锯齿,因此,反弹发生的可能性就较小。在锯片将木料切开之后,在此瞬间,如果锯切开的窄料倾斜、扭曲或弯曲,都可能会被夹在锯片和纵切靠山之间。并且如果未通过推块或棘爪等支撑部件,则旋转锯片的作用力可以使该窄料快速直接回弹。

台锯安装标准的 255mm 直径锯片时,可实现纵切、横截、斜切、角度锯切,通过使用一种组合锯片进行锯切还可以实现槽口锯切、企口(榫口)锯切、分离锯切,这种组合锯片叫作 DADO 锯片(图 1-10 至图 1-15)。

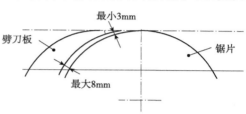

图 1-10 锯片劈刀板位置关系

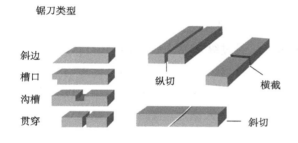

图 1-11 锯切类型

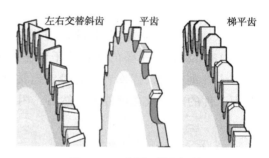

图 1-12 台锯用常见锯片

图 1-13 台锯用常见锯片

图 1-14 DADO(槽口)锯片

使用台锯时，如图 1-16 所示，先使用位于前部的手轮（A）调节锯片高度（图 1-16a）。使得锯片的三个锯齿完整暴露在材料上方（图 1-16b）。拧紧并锁定到位。然后，使用右侧手轮（B）用于调整锯片角度。待所需的角度设定完毕，拧紧并锁定到位。开机锯切。

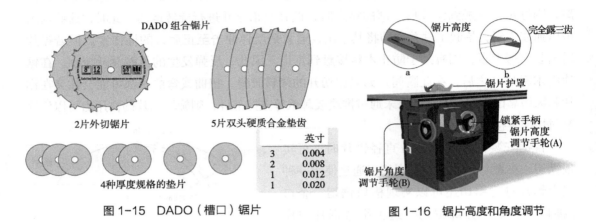

图 1-15　DADO（槽口）锯片

图 1-16　锯片高度和角度调节

2. 台锯的锯切方式

（1）纵切

纵切木材，是沿着木材长边锯切的方式。台锯在进行纵切木材时，如图 1-17、图 1-18 所示，将平整的木料置于台锯工作面上，通过纵切靠山确定锯切的尺寸，锁定纵切靠山。锯切时，操作者重心稳定地站立在锯片延长线左侧，左手（G）作为引导手位保持把工件的前端放在锯片前。然后，用工件的边缘抵住纵切靠山，以稳定的速度将工件送入锯片。如果电机减速，需减慢送料进给速度。工件送入锯片后，左手保持位置，右手缓缓推进，右手（F）送料接近锯片 100mm 处，需使用送料推把送料，如图 1-18 所示。当送料推把辅助缓推木料完全通过锯片时，继续用推把推动工件的尾端，直到工件超过锯片 25~60mm，推把快速抬高或者外移，离开锯片红色保护板区域。此时，操作者应以最迅速和安全的方式关闭台锯，待锯片停止旋转后，方可拿取被锯切材料。

对于狭窄的纵切（通常宽度为 69~76mm），当使用推把穿过锯片

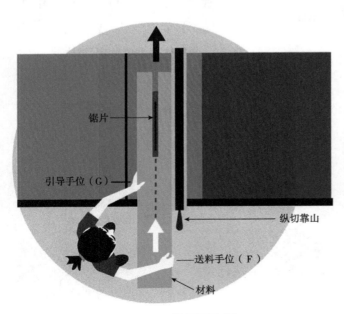

图 1-17　纵切示意图

图 1-18 锯切时手的作用和位置

时,锯片护罩通常会干扰右手。为避免该问题,需使用高大的推把(图 1-19)。当推入工件时,手始终处于护罩锯片的上方。

图 1-19 推 把

对于更窄的纵切,当工件长度短于 610mm 时,需使用侧面带凹口的雪橇推把(图 1-20)。顶部的手柄可帮助推动雪橇推把,同时确保雪橇推把的边缘紧贴纵切靠山。要设置切口的宽度,只需测量从雪橇推把的内边缘到锯片的内边缘的距离。

如需要纵切较长部分,可使用矮辅助靠山(图 1-21),将矮辅助靠山夹在纵切靠山上。较矮的靠山可使木料在锯片护罩下滑动。但是,当推块的前部到达盖子时,必须停止推动并转到锯的后部。反弹棘爪会把木料固定在原处。一旦在后面,就可以通过拉动狭长的木料通过刀片完成最后几厘米的锯切。

纵切时善用送料推把,用推把替代手,完成辅助进料和窄小料的锯切工作,可以有效防范意外发生。当锯片和靠山之间的间隙太窄,无法用手安全地将材料推过时,必须使用推把沿靠山推送材料,并完成纵切。推把可以让手安全地高于锯片,同时又接近工件。纵

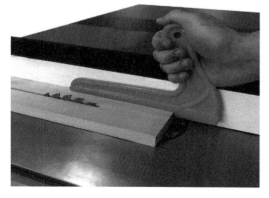

图 1-20 雪橇推把

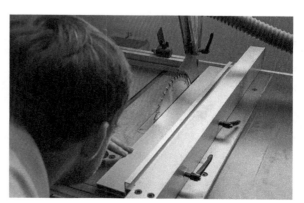

图 1-21 欧款纵切可变高矮靠山

切时，手与锯片距离小于76cm时必须使用把杆。

（2）横截

横截木材（带角度横切）是对材料的短边进行锯切。

台锯进行横截锯切时，横截木材需要使用横截靠山组件（图1-22），横截靠山组件通常由量角器和靠山组成，带有手把的量角器可以通过设置角度获得锯切的斜角角度，靠山锁紧在量角器上，可以对长料进行靠准并手持木料固定锯切。

锯切时，依据工件的厚度设定锯片的锯切高度，通常安全的方式是锯片需要高出工件三颗锯齿。再设定锯切宽度尺寸，最后使用横截靠山完成短料横截断锯切。

最常见的横截是将量角器设置为与T形槽成90°角，从而形成方形切割。但是，始终平滑的方形，横截不会自动发生，也需要遵循一些基本程序。

横截靠山可以分别置于台锯工作台左右的T形槽里，通过直线滑动横截靠山送料锯切。当横截靠山位于锯片左侧的T形槽，进行工件右侧端面截断锯切时，须右手握紧横截靠山组件中的量角器手柄，左手夹持工件紧贴横截靠山，缓缓送料，直到木板的前边缘几乎碰到锯刃，此时，根据需要将锯片对准木板上的切割线（测量绘制）。均对齐后，用左手将工件紧紧地靠在横截靠山上，直到锯切完成。施加的力应笔直，手指距离锯片护罩至少76mm。在启动台锯前，将工件滑至距离锯片2.5~5mm处。用右手推进并以稳定的速度送料。锯切完成后，停止推动，但继续用左手将工件牢牢夹紧固定在横截靠山上。然后将工件和横截靠山都拉回到起始位置。回到起点后，可以放松对工件的夹持并关闭台锯。

通常，当将工件和横截靠山向后拉时，旋转的锯片会略微接触工件的切割边缘，并产生一些碎片。如果工件又小又轻，用左手将板子从锯片往左平移3~6mm，然后再拉回。但是，大而重的木板移动起来并不容易。因此，如果锯切大工件，则只需即刻关闭台锯，然后再松开拉回即可。

当横截靠山位于锯片右侧的T形槽，进行工件左侧端面截断锯切时，须左手握紧横截靠山组件中的量角器手柄，右手按住工件紧贴横截靠山，重复上述动作。使用横截靠山，需注意左右手的位置（图1-23），这种位置关系是防范锯切危险的必要措施。切忌不可随意使用左右手。

无论在锯片左侧还是右侧横截木材，都必须牢记此刻不可使用纵切靠山作为送料锯切

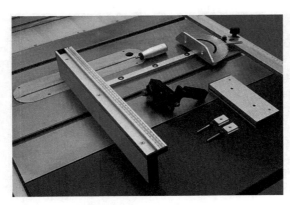

图1-22 横截靠山组件

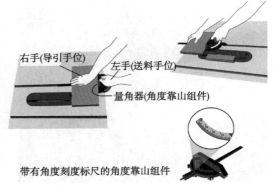

图1-23 角度靠山的正确使用（锯片右侧使用时）

的基准,即横截靠山和纵切靠山不可同时使用。同样地,横截锯切时,每次仅允许使用一块工件,不可以任何形式进行叠加工件锯切。

若需要使用纵切靠山进行尺寸定位,可在锯切前,进行尺寸定位后,释放纵切靠山锁紧手柄,移除纵切靠山后,再进行锯切。

利用辅助料实现纵切靠山对截断尺寸度量的方法。对工件进行同样尺寸多次重复横截锯切时,可以通过在纵切靠山锁紧手柄端增加夹持短木料的形式,这个短木料称为辅助垫片,如图1-24所示,在工件锯切宽度范围外进行尺寸定位。此刻,纵切靠山才可以在使用横截靠山时使用。

另一个在木工实验室里得到大量使用的多功能工装夹具是横切滑橇,横切滑橇使横切更加精确和安全,可以自行制作(图1-25)。

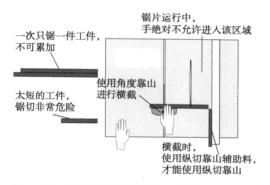

图1-24 辅助料实现纵切靠山对截断尺寸度量的操作示意

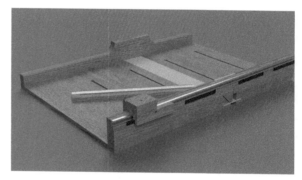

图1-25 自制的横切滑橇

3. 台锯的使用注意事项

台锯在锯切时,若不注意,会发生反弹,非常危险。材料和刀具之间的摩擦过大,就会发生黏结。通常情况下,当发生黏结时,材料将以很大的力朝锯片转动的方向抛掷,称为反弹。反弹可能导致严重伤害。尽量保持脸和身体与潜在的反弹轨迹不一致,包括在启动或停止机器时。

反弹产生的原因:
- 在锯切过程中转动材料;
- 切出限制(卡锯);
- 未完成切割或未将工件推过锯片;
- 不使用锯片防护装置(分料刀);
- 切割翘曲或损坏的材料;
- 锯刃钝;
- 不适当的材料(含结疤等)。

台锯安全操作"八要,八不要":
- 锯切时要让锯片高出木材3mm(三个锯齿),但不要比木材高出很多。

- 一定要把木材推过锯刃。锯切过程不要停下来,直到木材切过锯片。
- 要用纵切靠山纵切木材,不要用纵切靠山做"横切"。
- 窄料纵切一定要用推把,不要推错方向。
- 一定要用另一只手固定方向,别让手碰到刀刃。
- 横截锯切时,在接触锯片之前,要脱离辅助垫片,不要同时接触锯片和垫片。
- 要用滑动台横切(至少是横截靠山),不要徒手切割。
- 要用滑动台横切(至少是横截靠山),不要同时使用横截靠山和纵切靠山。

单元二 平 刨

平刨是一种单面找平木材的加工机器。木材在经过基本锯切后，形成较为规则的形状，通过平刨进一步刨削加工，可以获取木材的一个基准面。平刨是家具制作和木材接合拼板过程中不可或缺的基本加工设备（图 2-1）。

图 2-1 现代平刨

俗称的平刨，是指通过操作者手压木料推进进行单面刨削的木工机床。相对于压刨而言，平刨属于手推刨削方式，而压刨则以喂料式同步差速自动进刨刨削的方式对木材进行刨削。

平刨可以是一台独立的加工设备，也可以是和压刨在一起组成的一体式组合加工设备，根据加工方式、应用场景和对空间的需求不同，可以选择单独的平刨，也可以选择平压一体的组合刨削加工机。

一、平刨的分类

平刨的分类比较简单，基本有平刨和平压刨组合机两种。在平刨中，又依据是否有落地箱体，分为台面式平刨、落地式平刨。根据进出料工作台面的宽度，分为 6 英寸[①] 平刨、8 英寸平刨、12 英寸平刨等。根据平刨功能中刨轴上方刨刀轴保护板类型，又划分为美式平刨和欧式平刨。美式平刨的安全保护板使用红色偏心弹簧式保护板，欧式平刨采用上置贯穿式限位保护板（Euro guard）。平压刨组合机中的平刨功能是采用上置贯穿式限位保护板，所以平压刨组合机也是欧款平刨。平刨的分类见表 2-1。

表 2-1 平刨的分类

类型	名称	英文名称
平刨	台面式平刨	Benchtop Jointer
	落地式平刨	Jointer
	欧式平刨	Euro Style Jointer
平压刨组合机	平压刨组合机	Planer-thicknesser
	多功能组合机	Combination Machines

美式刨刀轴保护板是一个旋转装置，当没有工件时，该旋转装置完全覆盖刀轴。通过弹簧压力将其保持在闭合位置。当向前移动的工件遇到刀轴保护板时，工件将其推开并露

---

① 1 英寸 ≈ 2.54cm。

出刀轴。当工件离开刀轴区域时，刀轴保护板会突然关闭，从而保护操作者避免意外接触刨刀轴。

欧式刨轴保护板是一个上置贯穿式限高保护装置。当对工件进行表面刨削时，需要依据工件的厚度，调整上置贯穿式保护板的高度，以便工件能顺利通过，当工件向前移动时，工件永远处于上置贯穿式保护板下方，避免操作者的手意外触碰刨刀轴。当对工件精细边缘进行刨削时，同样需要依据工件的厚度，调整上置贯穿式保护板与平刨靠山的距离，以便工件能顺利通过，此刻，当工件移动时，上置贯穿式保护板位于接近工件的左侧刨刀轴上方，目的也是避免操作时手意外触碰刨刀轴。

平刨是进行家具制作实训、工业产品造型实训、木结构实训时必不可少的基本木材加工设备。在国内院校木工实验室中，台面式平刨、落地式平刨和平压刨组合机较为常见（图 2-2）。

图 2-2　学校中使用的平刨

二、平刨的结构

使用平刨前，需要清晰地理解平刨的工作原理，才能正确、有效地使用平刨。尤其是对平刨各部件的理解认识（图 2-3），确定它们的工作关系和功能。这部分知识非常重要，只有经过基本的机器使用培训并熟知工作原理，才能有效降低和避免意外事故的发生。

如图 2-4 所示，平刨工作时，工件通过平刨的进料台和刀轴，刀片的顶点（切割弧的上止点）和出料台的表面齐平。当工件开始刨削后，出料台支撑着被刨削面。如果进出料工作台面不平行，或者刀片的顶点高于或低于出料台，就不会产生平直的刨削面。

三、平刨的使用方法

使用平刨时，务必阅读并遵循制造商的说明，佩戴护耳和护目用具，不要佩戴首饰和穿着长袖或宽松的衣服。

首先，熟练使用启动和急停按钮，开机前检查刨削深度，检查刀片的锋利性，钝化的刀片不可开机使用，需要更换或者研磨刃口。工件长度小于 300mm，不可以使用平刨刨削；工件厚度小于 6mm，不可以使用平刨刨削面和边。其次，在使用中，要确保正常使

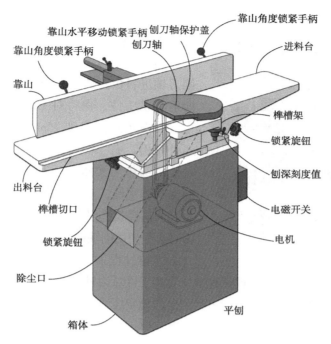

图 2-3 平刨各部件名称

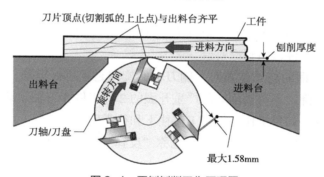

图 2-4 平刨刨削工作原理图

用刨刀轴保护板,不可弃用。人体站立于平刨外侧,双脚张开,与肩同宽,稳定站立,确保重心在身体上。再次使用时,保持注意力集中。任何时候,双手都必须放在工件的顶部,不可侧向或者末端伸出送料。

在工件进料前需要开启开关按钮,待刨刀轴匀速运转后方可送料。送料过程中,务必将手保持离平刨刀轴 76mm 安全范围之外,始终远离刀轴。如果刨削操作需要手进入 76mm 安全风险区内,须使用辅助推把(图 2-5)。

在送料过程中,双腿伴随工件送料交替前进。在徒手送料时,将工件完全放在刀轴护盖正前方的进料台上,用力下压前端,将板向前推,同时保持工具前端的下压力和对靠山的压力,切记任何时候按压的双手不可直接通过刀轴,在左手位于工件前端,左手接近刀轴 76mm 以上时,左手需要从送料台一侧跳过,到出料台一侧继续施力按压,工件移动时,右脚靠着左脚侧身移动,侧向跟步。这里的关键是张开左手的手指,以便它们在靠山的上下边缘都施加压力,同时

图 2-5　辅助推把

用拇指向下压。左手跳过刀轴后，继续施力按压，同时保持对靠山的压力。一旦经过刀轴护罩，再次放下左手。

同样，当右手在工具末端推送，身体中线在刨刀轴进料台一侧约 250mm 时，身体站稳，用手向前移动工件，保持对工件在进出料台向下的压力，当右手距离刀轴 76mm 以上时，左手保持按压并牵引，右手需要从送料台一侧跳过到出料台一侧继续施力按压，千万不可过度伸长手臂，以确保身体平衡，直到完成刨削。

为避免操作者与运动中的刨刀轴接触，使用平刨时必须使用刨轴保护板和送料辅助工具。

进料过程中，将工件牢固紧贴进料台面和右侧的导向靠山。需要用力均匀、推送稳定，直到工件从刀轴上方通过并进入出料台面。一旦工件前端开始通过刀轴，请继续保持出料台上的稳定压力，直到工件全部通过刀轴，完全进入到出料工作台为止。在操作过程中需要始终支撑工件，不得悬空作业。使用较长的工件在平刨上进行刨削时，必须使用滚柱支架或与工作台等高的支撑架作为出料台的延长支撑。

不要刨削复合材料或颗粒压制板材，如胶合板、刨花板、密度板等。不得使用指接板或破碎的材料进行刨削。始终谨记将工件完全推过刀轴和防护罩，推到出料台才结束，千万不要在工作中将工件退回到进料台。

当站在进料台前面的初始位置时，刨刀轴的旋转是顺时针运动，刀轴从左侧上升往顶部运动并从右侧下降。不可刨削端面严重开裂的 2 件工件在刀轴顶部会受到作用力，将其向操作者一边移动。如果操作时仅将工件往下和往靠山方向按压，并未施加刀轴运动的反方向作用力，工件可能会向左侧抛射，也称"反弹"。反弹时，操作者或者他人易被撞击，从而受到伤害。

在刨削经过胶合的拼接板时，需要注意的是，一些胶黏剂可能会划伤螺旋刀片。虽然普通的木工胶对刀片无害，但应在胶合缝的胶水彻底固化后刨削，以免溢出的胶水污染台面或者刀轴（图 2-7）。

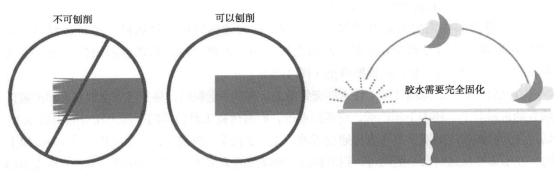

图 2-6　检查工件端面　　　　　　　　　　图 2-7　胶水固化后的工件方可刨削

在工件进料前,为了消除或减少毛刺,要观察木纹纹理,及时调整工件的方向,使刀具的旋转方向与木材纹理的倾斜方向相同。在刨削之前,还要检查木材的平整情况,通过观察木材的平整情况,决定调整进料的方向和刨削深度。木材常见的变形情况如图 2-8 所示。工件的正确进料取决于其翘曲变形情况和选择正确纹理走向。

为确保进料时的稳定性,刨削翘头和扭曲的工件时,请将底部或边缘靠在平刨上。在刨削弓曲和内弯工件时,应该将弓曲面和内弯面朝下,弯弓面的底部朝上,四角提供稳定的立足点。否则,如用弯弓面底部直接进料,板子就会晃动,使控制变得困难。

如果板材有明显的翘头、结疤或者树皮,必须先使用台锯进行锯切修正,确保翘头得以改善,结疤和树皮得以消除。否则,强行进料会导致严重的跳刀情况,引发意外。

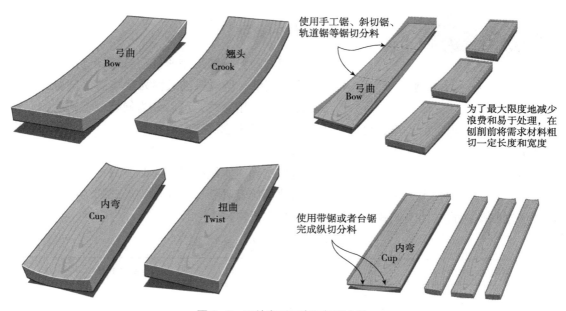

图 2-8 工件变形示意和处理方法

单元三　压　刨

图 3-1　现代压刨

压刨是一种将木材修整成同一厚度的木材加工机器（图 3-1）。木材经过平刨等其他形式加工后，形成一个基本平面，以这个基本平面为基准，通过压刨的刨削加工，获取同一厚度尺寸的木材。

一、压刨的分类

压刨使用喂料式同步差速自动进刨刨削的方式对木材进行定厚刨削。所以压刨又称为定厚刨、自动刨。

压刨按照使用方式，可以分为便携台上式压刨、落地式压刨。按照电机的类型，可以分为串激电机式压刨、感应电机式压刨。按照喂料速度的调节方式，分为二档手调式压刨和数控调节式压刨。压刨的分类见表 3-1。

压刨是进行家具制作实训、工业产品造型实训、木结构实训时必不可少的基本木材加工设备。在国内院校木工实验室中，压刨的使用比较频繁，常见压刨形式的为串激电机便携式压刨、落地式二档手调式压刨和数控调节式压刨。

表 3-1　压刨的分类

类型	名称	英文名称
压刨	便携台上式压刨	Benchtop Planer
	落地式压刨	Planer/ Thickness Planer
平压刨组合机	平压刨组合机	Planer-thicknesser
	多功能组合机	Combination Machines

二、压刨的结构

压刨主要由三个重要部件组成：一组包含刀具的刨刀轴；一套输送工件的进出料辊；一个相对于刨刀轴距离可调节的精确机构，以实现刨削板材最终厚度的设定。通常压刨刨刀轴和进出料辊组件形成一体固定在压刨机体上，通过进出料工作台上下运动来调整刨削厚度。但是，一些便携式压刨的结构略有不同，这类压刨进出料工作台是固定的，刨刀轴和进出料辊组件可以上下调整，实现刨削厚度的设定。

如图 3-2、图 3-3 所示，压刨工作时，工件通过平刨的进料台，先进入防回料止回器，起到的工件止回作用，然后工件进入进料辊。进料辊表面呈螺旋线状，目的是咬合工

图 3-2 压刨工作示意图

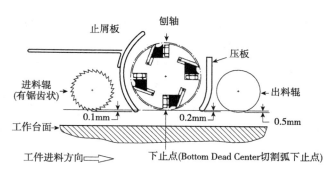

图 3-3 压刨工作原理示意

件并推动工件往前运动。进料辊两端装有张力弹簧，工件进入进料辊，弹簧被顶起，向下作用压力。工件往前进入刨刀轴，与平刨不同的是，压刨的刨刀轴安装在工件的上方。当工件接触刨刀轴后，工件接触到刨刀片的下止点，刨刀迎着工件开始刨削工作，刨削过程中的木屑被止屑板截留并在刨刀轴旋转的作用力下带出并进入刨刀轴上方集尘腔，通过外接的集尘管线，实现木屑的排出。工件经过刨刀轴，进入压板，压板有效地截留刨屑，同时稳定工件，防止工件翘起，以方便工件继续进入出料辊，工件进入出料辊后，在出料辊弹簧张力弹簧的作用下，压紧并匀速输出工件。

压刨的进出料辊是一组通过独立电机或者经过变速箱形成差速的同步辊，可以通过变速细件实现喂料速度的调整。通常的落地式压刨设置二档变速，方便操作者设置调节不同工件喂料速度。对于带数字控制系统的压刨，还可以同时参数设定的方式，给定合适的喂料速度。

三、压刨的使用方法

使用压刨前，务必阅读并遵循制造商的说明，佩戴护耳和护目用具，不要佩戴首饰、长袖或宽松的衣服，并熟练使用启动和急停按钮。

在操作之前，请确保压刨的刀盘已经被金属保护罩完全封闭。操作人员请站压刨的侧边，防止工件回弹。机器自动喂料时，操作者的手就不要再持续送料了。防止任何碎屑以自动进料的速度反弹到皮肤。应该在刨削之前检查工件上是否有松动的结巴、钉子、订书钉、污垢、沙子或其他在刨削过程中可能会脱落、伤害操作者或机器的异物。在启动机器之前，断电，关机，锁定升降台，清理工作台面，去掉所有木屑、碎结以及台面和辊筒组件上的细木条。

不可刨削上过清漆或涂装处理过的木材，因为产生的粉尘可能损害健康。此外，上漆或上清漆的表面会很快使刨刀变钝。将工件送入机器时，切勿将手指放在板下，要放在远离进料台的工件末端。如果工件行进中卡住了，应先降下下工作台，直到刨削声停止，然后关闭机器，锁定并检查。切勿通过刀片上的同一点进料，这会使刨刀片变得不均匀，可以交叉错位进料。

喂料前，检查工件的厚度，工件厚度小于 12mm 可按以下方式刨平：将薄板放在较厚的板（至少 19mm）的顶部，并将两块板一起穿过刨床，小于进料辊和出料辊之间距离的工件不能被安全刨平（视制造商技术参数，使用前请阅读制造商的工件长度限制性说明），可能会卡住机器。刨削短料时要格外小心，进料辊有时会导致短料快速向上倾斜，然后向下倾斜，这可能会导致手指被夹在工件和进料台面之间。如果刨削较长的工件必须在压刨的出料端确保有足够的空间。如果毛坯料一端比另一端厚，应先将较厚的一端进行刨削。在启动机器之前，清理工作台面，去掉所有木屑、碎结、以及台面和辊筒组件上的细木条。检查清理前，应断电、关机、锁定升降台。压刨刨轴和料辊结构如图 3-4 所示。常见的压刨主要有手调式压刨和数控调节式压刨，如图 3-5、图 3-6 所示。

使用压刨时，如图 3-7 所示，在压刨正面右侧立柱边，有一个公英制的刨削深度标尺，标尺上标注了刨削范围，通过手轮转动控制刨削量。手轮转动一圈行程为 1.5mm（制造商不同，可能存在行程差异，须实际观察）。当需要调整刨削深度时，先用卡尺测量工件厚度，然后松开锁定手柄。通过升级手轮调节刨削深度，通常设置值为大于工件厚度 0.5~0.7mm。具体操作时，还要观察工件被刨削面的变形和平坦情况，可以先尝试喂料，若工件能顺利通过，并产生刨削，则再次调节刨削深度，每次给定的深度在 0.5~0.7mm，约为升降手轮半圈行程，在设定数值后，开机前，切记锁定手柄，然后再喂料。

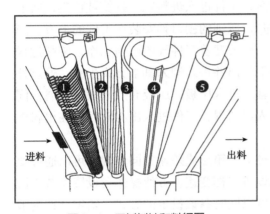

图 3-4 压刨刨轴和料辊图

1. 防回料止顺器 2. 进料辊 3. 断屑板 4. 刀轴
5. 出料辊

图 3-5 二档手调式压刨

图 3-6 数控调节式压刨

压刨加工工件的基本加工顺序如下（图3-8）：

①用平刨把工件的一面（底部—表面1）刨削平。

②使用平刨可以使相邻面形成两个垂直的表面（表面1和表面2）。在刨削边缘时，将刨削完的表面1靠在靠山上。

③使用压刨使工件顶部与底部（表面1和表面3）刨削平行。须在压刨上反复通过以达到所需的厚度。

④第二条边（表面4）应该在台锯上完成找正锯切。锯切时，表面4预留1.5mm，并可以在平刨上进行最终的刨削，以获得完美平滑的边缘。

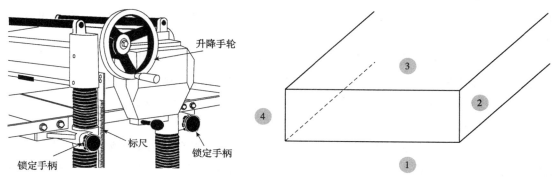

图3-7 压刨基本加工使用　　　　图3-8 工件基本加工顺序

单元四　带　锯

带锯是一种便于操作、用途广泛的机器，可以实现对木材进行纵切、横截和不规则锯切。主要的工作形式是通过一根长而薄的环形锯条，在上下分轮上做圆周运动，形成刀片切割木材的过程。带锯在锯切过程中很容易控制，因此可以用来从事很多精细加工工作。除实现纵切和横截外，带锯借助工装可以实现圆形锯切、燕尾榫锯切和仿形锯切。

与其他木工机械相比，带锯的一个优点是相对安全。与台锯相比，带锯是一种安静的机器，所以很难造成工作上的噪声疲劳问题。在锯切运行过程中，锯条不会（通常只有2~3cm）暴露在外。由于锯条在锯切时切割从上往下作用于工件，因此，不会产生反弹伤害。通常，带锯是木材再剖、纵切、短横截的优选工具。

粗糙和精细的工作都属于带锯的任务。12~25mm 宽的锯条是大多数细木工带锯机所能配备的最宽尺寸锯条。带锯可以在一次锯切中将厚的木材剖成两片较薄的木材。使用宽 3mm 以内的锯条，带锯几乎可以任何角度对木板进行曲线锯切，甚至可以在锯切过程中旋转 90°。

一、带锯的分类

带锯根据其形状，可以分为卧式带锯和立式带锯。卧式带锯大多数用于大型木材锯切、各种金属锯切和塑料锯切。锯切时，锯条运动和进给，工件保持固定，卧式带锯可以切断较硬的材质。精密的木材卧式带锯也能实现工件的往复运动。这些卧式带锯产用于工业生产，不适合实验教学使用。立式带锯大多数用于木材锯切、食品锯切和其他小体量金属锯切。立式带锯不能切断坚硬的材料，这些机器的功率比卧式带锯小得多。旋转运动中的锯条在切割过程中不做进给运动，操作者需要移动工件以避免出错。细木工带锯（图 4-1）属于立式带锯，常见的细木工带锯分类见表 4-1。

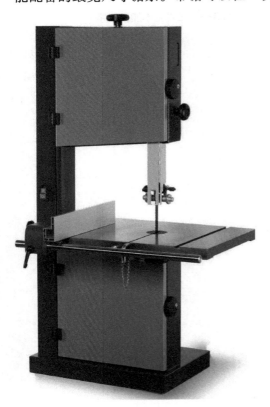

图 4-1　现代细木工带锯

表 4-1　带锯的分类

类型	名称	英文名称
细木工带锯	桌面带锯	Benchtop Bandsaw/ Resaw Bandsaw
	落地带锯	Bandsaw/ Resaw Bandsaw
	曲线带锯	Scroll Bandsaw

市场上的细木工带锯通常以其喉深尺寸（锯条与支撑机器上轮的立柱之间的距离）进行分类。通常喉深尺寸又接近于飞轮直径，所以大多数带锯制造商以英寸为单位划分带锯规格尺寸，分为 9 英寸带锯、10 英寸带锯、12 英寸带锯、14 英寸带锯、15 英寸带锯、16 英寸带锯、18 英寸带锯、20 英寸带锯、22 英寸带锯等。

图 4-2　带锯飞轮

带锯是高校木工实验室中常用的工具，主要用于剖料锯切、曲线锯切和燕尾锯切。细木工带锯根据锯切应用，分为桌面式带锯、落地式带锯、曲线带锯。实验室中常见的带锯为桌面式带锯、落地带锯和曲线带锯。桌面式带锯又称小带锯，方便学生自主使用，价格便宜，但是锯切能力受限。落地式带锯一般使用 14 英寸、16 英寸、18 英寸和 20 英寸这四种规格。曲线带锯因其锯条特殊性，常常用于工业设计、艺术设计和环境艺术专业的造型锯切。产品如图 4-3 至图 4-6 所示。

图 4-3　带锯上下飞轮　　图 4-4　桌面式细木工带锯　　图 4-5　细木工带锯　　图 4-6　曲线带锯

二、带锯的结构

如图 4-7 所示为学校常配置的细木工带锯结构，在带锯的框架式结构中，上下分布两个飞轮，上飞轮为从动轮，下飞轮为主动轮，电机驱动下飞轮转动，当带锯条安装在上下飞轮上时，通过锯条涨紧机构涨紧，上下飞轮转动后，带动上飞轮转动，此时，带锯条形成环状运动。锯条的锯齿朝下，相对于工件产生连续的切割运动，从而产生锯切工作。通

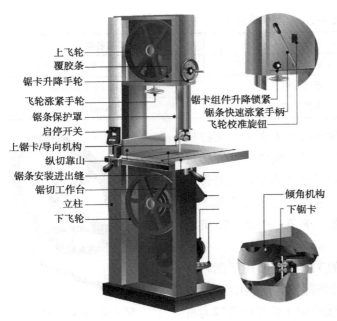

常，带锯电机可以提供单速或双速操作，在带锯电机的皮带轮上有双速转换的轮径，操作可以依据工况选择不同的转速。

三、带锯的使用方法

在运行带锯前，先确认带锯条安装是否正确，涨紧轮是否涨紧到位，锯条的宽度不同，涨紧力的设置也不同。通常的细木工带锯设有涨紧力观察指示窗，操作者只要依据锯条的宽度尺寸，设定不同的涨紧力档位，即可完成锯条的涨紧力设置。涨紧力调整完毕，方可使用带锯。

图 4-7 细木工带锯基本结构

在使用带锯时，需要检查工件的情况，确保工件平整、无结疤。将上锯卡导向机构设置在工件锯切表面 2~3cm 处，用一只手将锯卡导向机构组件固定到位，另一只手拧紧锯卡导向机构组件锁紧旋钮。或者，使用工件稍微向上撬起锯卡导向机构组件装置，然后拧紧锁紧手柄。工件将锯卡导向机构组件设置得尽可能靠近工件，不仅可以在锯运行时保护不受工件锯条的影响，还可以在锯切时支撑锯片，最大限度地减少锯片的过度偏转。

锯卡导向机构组件由锯卡导向机构、导向轨、锁紧机构组成。通常在工作台上方和下方各有一个组件，底部组件是固定在基座上，顶部组件则安装在导向柱上可以垂直上下移动。每个组件均包含三个支撑元件：两个侧向支撑件以及一个后端支撑件。后端支撑件被称为止推轴承，用于限制锯切时锯条的向后移动。所以带锯导向机构又俗称锯卡（图 4-8 至图 4-9）。

图 4-8 带锯常见锯卡

部分制造商所制造的细木工带锯还带有开门断电功能，所以操作者需要检查上下飞轮门是否关闭并锁紧到位。

在锯切时，纵切靠山可以横向移动并定位锁紧，方便纵切木材或者剖料时作为基准靠山。靠山分为高靠山和矮靠山，高靠山主要用于剖料，矮靠山用于纵切定位。在工作台上，分布着T形槽，可以使用横截靠山（量角器组件）实现短横截锯切。不需要靠山定位，可以实现靠模锯切、曲线锯切，也可以利用T形槽制作诸如V形托架、切圆工装来实现圆木纵切、方板切圆。

对任何木工机器要保持谨慎，带锯也不例外。带锯条偶尔会折断，当其折断时，往往会飞到操作者通常站立的右侧。因此，操作时，操作者的身体尽可能站在喉深（即锯条实际切割位置）侧。如果锯条折断，不要慌张，应即刻关闭带锯，在飞轮完全停止之前不要打开上下飞轮门。

带锯条发生的大多数事故都是由于进给压力过大和手的位置不当造成的。将工件平稳地送入锯条中，确保较小且均匀的压力，否则锯条过于受压，可能会卡住或

图 4-9　陶瓷锯卡

折断。对于大多数锯切工况，使用一只手进给工件，用另一只手引导工件。任何时候，手指不要对着锯条刃口方向。当手接近锯切区域时，仅将进给手的手指钩在工件的边缘，以防止它们滑入锯条。

最佳情况是，带锯条上有足够的应力，不会因机器操作不当而额外增加应力。锯条断裂的原因包括：强迫锯条锯切弧度过小的曲线，锯条导向机构组件调整不当，进给速度或压力过大，锯条齿钝化，锯条张力过大，齿组不足以及长时间运行锯条而未进行实物切割。不正确的张力会缩短锯条的使用寿命。长时间不用带锯，需要释放快速涨紧手柄，让锯条处于不受力状态。要定期清洁带锯条，以防止它粘上树脂和沥青。用钢丝或硬毛刷蘸松节油、清洁剂或氨基清洁剂等溶剂清理有大量粘连物的锯条。收纳存放锯条或除锈前，用油布擦拭锯条，要除锈，需用钢丝绒清理锈迹。

工厂的带锯通常使用12英寸宽的锯条将原木锯成木板。细木工带锯的锯条尺寸要小得多，一般不会超过1英寸宽，如图4-10所示。但即使在这个相对狭窄的规格范围内，获得优异的锯切质量，选择锯条也很关键。带锯条没有多功能的说法，也没有专门设计用于纵切或横切的锯条。

通常在使用锯条时，应该记住三个基本指标：齿型、锯条宽度和分齿类型。

用于切割木材的带锯条有三种基本的齿形设计，分为标准锯条、跳齿锯条、钩齿锯条（图4-11）。

标准锯条用于横切木料或斜切木料。当锯条的方向在切割过程中发生变化时，跳齿锯

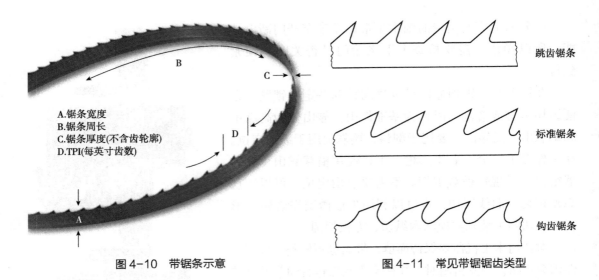

图 4-10　带锯条示意　　　　图 4-11　常见带锯锯齿类型

条非常适合复杂的曲线或切割，对于带有长纹理的曲线，切割速度比标准锯条更快但更粗糙。1/4英寸宽，4~6tpi的跳齿锯条是一种很好的通用锯条。钩齿锯条用于直线锯片和弯曲锯切，是纵切或再剖的最佳选择。

一般来说，窄锯条用于复杂曲线的切割，而宽锯条则是再剖厚料的理想选择。选择带锯条进行轮廓切割时，应考虑锯条转动的最紧曲线(半径)。一般来说，一组相同类型的锯条，锯条越窄，曲线(半径)越小。但较宽的锯条可以抵抗不必要的偏转，所以窄锯条不总是弯曲切割的最佳选择。宽锯条进行曲线轮廓锯切时，曲线(半径)处压力太大会导致锯条卡在切口中，产生扭曲并易折断。

带锯锯条的分齿是指锯齿和其被偏移的角度，从而形成比锯条厚的锯切或锯缝。锯条的分齿影响切削效率和带屑能力。根据切割应用的不同，每种锯条的类型和宽度、厚度都有很多分齿类型选项。大体上，轻分齿锯条可产生平滑的切割和狭窄的锯缝，但也更易于黏合，这限制了其切割紧密曲线的能力。重分齿锯条切割速度比轻分齿锯条快，但锯缝较宽且锯切过程不易控制。重分齿锯条在工件的切割边缘留下更多可见的波纹痕迹，称为"搓板"现象。

根据需要切割的材料、预期寿命、所需切割速度和成本，有多种材质的锯条供选择。常见的有硬质合金锯条、双金属锯条和碳钢锯条。

单元五　台　钻

台钻，就是一台具有可调节台面的钻孔机。产品如图 5-1 所示。

台钻主要包括以下部件：

①主轴箱　包含固定钻头的夹头、皮带传动机构和电机，安装在由重型铸造金属基座支撑的刚性金属立柱上。

②夹头　具有三个自定心钳口，可以通过一把钥匙进行控制。大多数台钻的夹头可以安装的最大柄径为 16mm。

③电机　为感应电机，一般功率为 185~875W。电机的动力通过 V 形传动带和滑轮系统传送到主轴和夹头上。通过 V 形传动带在锥形阶梯滑轮上下移动可以调整速度为 450~3000rpm。某些型号的钻床可以实现无级变速，通过电子系统选择并显示转速。

④工作台　纯金属铸造，固定在立柱的悬臂上。台面可以倾斜 45° 并能旋转到立柱一侧，方便较大的部件放到底座上进行加工。靠山、台钳或夹具这些配件可以用螺栓插入台面的槽中完成固定。

⑤喉口　工作台面中心与立柱之间的距离。喉口越大越好，一般工坊台钻的喉口宽度为 100~260mm。

⑥进料控制杆　由弹簧负载，松开后会自动回到初始位置，也可以用固定杆将其锁定，使钻头处在较低的工作位置，解放双手操作部件。

图 5-1　台钻

⑦深度规　用来设定钻孔深度。首先在部件侧面标记出钻孔的深度，接下来放低夹头，直到钻头尖端与标记线对齐，然后设定深度规限位器，限制主轴和夹头的竖直方向的行程。

台钻的操作比较简单。先调整工作台面，使部件尽量接近安装在夹头上的钻头尖端。然后设置好深度规，将钻头对准待加工孔的中心再开机。将钻头稳定送入部件，钻孔完成后，缓慢释放进料控制杆，待其升起到初始位置后再关机。

牢牢固定部件，为了对抗台钻的旋转力，可以将部件的一端靠在立柱，或者用夹具牢牢固定在工作台上。

台钻加工时的工件固定技巧。

①可以用简易木制靠山,通过螺栓或夹具固定在工作台面上,方便加工。

②当需要沿部件上的一条直线钻出多个孔时,将部件顶住靠山侧向移动就可以了。

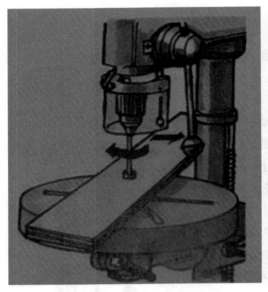

图 5-2　借助机床自身结构固定工件

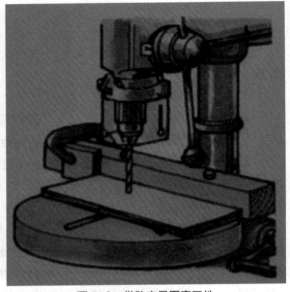

图 5-3　借助夹具固定工件

③使用台锯制作一个有 V 形槽的木块当作托架,用其支撑圆柱形部件进行钻孔。

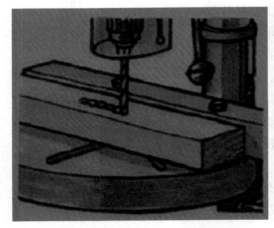

图 5-4　加工榫槽或多个孔时保留零件左右移动的自由度

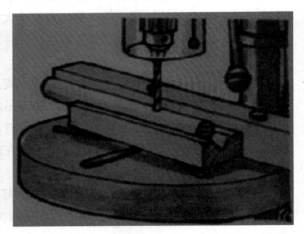

图 5-5　借助模具加工特殊形状的零件

单元六　木工立轴铣床

19世纪中叶，美国俄亥俄州的一位发明家制作了一台可以伸出水平工作台的垂直主轴加工形式的机器原型。这台机器，被称为立轴铣床，实际上工作原理和现在的立轴木工铣床一样。另一个来自同一时代的机器原型，采用顶置主轴，通过升降工作台面对工件进行凹槽切割，后来演变成今天的数控雕刻机（图6-1、图6-2）。

木工立轴铣床常用于在直线或弯曲工件的边缘精细铣型加工，如贴脚线成型加工、边缘成型加工、实木门和实木橱柜的框体加工等，如图6-3、图6-4所示。通过选择和使用不同造型的铣刀，完成线型的加工，也可以通过模板，实现靠模仿形加工。由于大量广泛的可用铣刀应运而生，这些成型铣刀可以完成从简单的轮廓到复杂的组合成型加工工艺，使得木工立轴铣床成为重要加工工具。

一、木工立轴铣床的分类

木工立轴铣床在实木家具制造业是必不可少的重要加工设备。根据主轴配置分为单轴立铣、双轴立铣；根据应用场景分为仿型立铣、通用立铣；根据有无推台分为标准立铣、

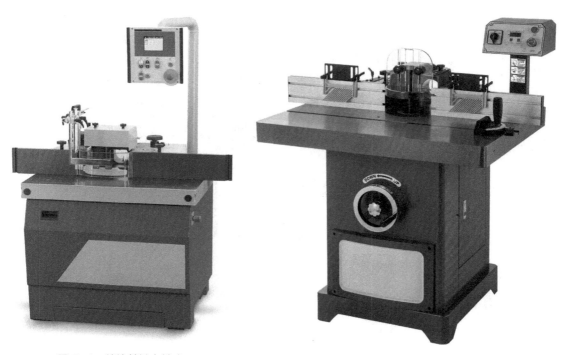

图6-1　数控单轴立铣床　　　　　　　　图6-2　普通单轴立铣床

图 6-3　木工立轴铣床使用成型铣床加工工件　　　图 6-4　使用成型铣刀加工造型的配合图示

推台立铣；根据主轴升降和主轴是否可以摆角分为数控立铣床、手动标准立铣床等。在国内院校的木工实训室中，通常配置的为通用立铣床，这种通用立铣床，配置靠山和集成罩组件，手动升级主轴，手工皮带更换主轴转速，无推台辅助等。

二、木工立轴铣床的结构

木工立轴铣床结构相对简单，如图 6-5 所示，通常由电机、变速轮组、高度升降机构、主轴、主轴拉杆、箱体、铸铁工作台、靠山、靠山组件、控制开关盒等部件组成。在控制开关盒的面板上，设置了启动开关、急停开关、正反转开关、转速显示液晶面板等。普通的木工立轴铣床的转速通常为 6500~11000r/min，制造商通常会设

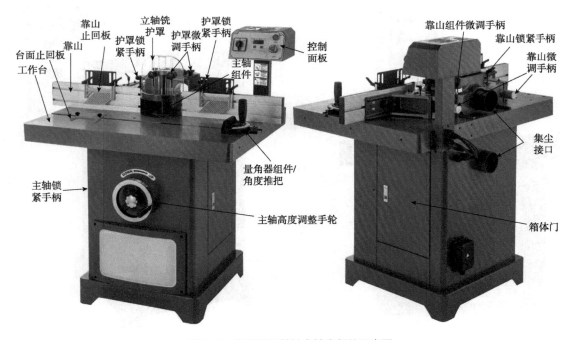

图 6-5　常见普通单轴立铣床部件示意图

置三档皮带变速，通过更换皮带轮的转速比来设置不同档位的转速。一些先进的木工立轴铣床会配置基于 PLC 控制或者数控无极变速技术。操作者通过触摸屏对话的方式设置主轴正反转、主轴转速、升降高度等信息。为满足重复加工和安全的需要，木工立轴铣床通常还会选配进出料辅助台面、附加滑台等。自动化需求高的工况环境，还会选配自动送料机。自动送料机安装在木工立轴铣床的铸铁工作台上，通过平行于靠山的设置，调节进料高度和进料速度，这样操作者就可以均匀、连续、稳定地送料加工。

木工立轴铣床可以使用两类刀具完成轮廓和线型的加工，分别是单柄铣刀和孔装盘铣刀。所以出厂的木工立轴铣床通常配置两支拉杆式主轴，一支用于安装 ER32 标准柄铣刀，一支用于安装 30mm 或 35mm 内孔的盘刀。铣刀刀杆、铣刀及加工成型产品如图 6-6 至图 6-11 所示。

三、木工立轴铣床的使用方法

高速旋转的刀具、工件的进给方向、刀具相对于工件的位置构成了木工立轴铣床的加工关系。木工立轴铣床主轴转向可正反转设置，在日常加工时，可以选择使用。需要注意

图 6-6　安装 ER32 标准柄铣刀的刀杆

图 6-7　安装盘铣刀的刀杆

图 6-8　常见柄铣刀

图 6-9　常见盘铣刀

图 6-10 常见柄铣刀及其加工成型图

图 6-11 常见盘铣刀及其加工成型图

的是，工件永远都是迎着刀具切削的方向运动。

硬质合金刀具是木工立轴铣床最常用的刀具，也是相对安全并易于加工的刀具。在市场上可以根据自己的轮廓造型需要，购买单支成型刀、组合配合的多支成型刀，也可以购买标准成型盘刀和可安装不同形状可转位硬质合金刀片的盘刀（图 6-12）。

木工立轴铣床是木工车间中危险的机器之一。由于木工立轴铣床的刀具在加工时直接暴露在工作台上方，使用木工立轴铣床需要特别注意安全。有条件的情况下，可以在木工立轴铣床上按照可调速的上置式送料器实现自动送料（图 6-13），也可以通过加装滑台的形式，通过工装夹具安全送料。

图 6-12 使用替刃式刀片的盘铣刀

图 6-13 安装上置式送料器的铣床

单元七 车 床

木工车床是一种古老的木工机器。在其漫长的历史中，这种工具的使用方式几乎相同（图 7-1）。有点像侧卧的制陶拉坯，车床旋转木料坯，而车工则用凿子般的工具使木材成形。车床可以将木材塑造成其他工具无法实现的流畅、圆润的形状。

最早的车床是人力驱动的，用一根绳子缠绕在毛坯上，并与有弹性的树杆和脚踏板相连。在英格兰，车床成为 18 世纪中期温莎椅子大规模生产背后的推动力之一，车削成了一种专门的行业（图 7-2、图 7-3）。

图 7-1 早期人力车床的复原样机

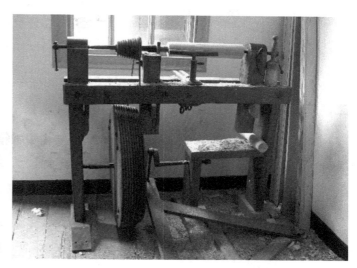

图 7-2 采用飞轮变径改变转速的复原样机

随着工业革命的到来，机械加工技术取得了进步，电动机驱动的车床蓬勃发展，车床被改造成可以车削金属和木材。这些车床稍作改动，基本上与现代木工所用的车床相同。

一、车床的分类

现代木工车床通常按照车床的加工尺寸划分规格种类。车床有两种尺寸的度量方法：回转直径和顶尖距。回转直径是主轴中心和床身之间距离的两倍，用以限制毛坯工件的直径。顶尖距是车床主轴顶针和尾架顶针之间的距离，用以限制毛坯工件的长度。

车床的重量很重要，车床越重，越能提供稳定性并提升抑制振动的能力。所以车床又分为桌面式车床（迷你车床）、落地式车床（重型车床）和单轴箱车床（碗状专用车床）。

可变转速是现代车床的一个重要特征。在车削作业时，较大的工件必须比较小的工件使用更低的转速。传统车床改变转速的方式是在两组阶梯皮带轮之间进行切换，传动皮带获得不同的转速，实现多档调节。现在电子变速控制的车床配合两阶皮带轮，可以完成高低档区间的无极变速，越来越多的车床配备了开关磁阻电机或者伺服驱动电机，更可在不关机的情况下更改车床转速，如图7-3、图7-4所示。

图7-3 桌面式车床（迷你车床） 　　图7-4 目前主流的木工车床

二、车床的结构

如图7-5所示，车床的结构并不复杂，主要由主轴箱、床身、尾座和车刀架这四个重要的结构部件组成。

1. 主轴箱

主轴箱是可安装用于车削的毛坯工件，通过电机驱动皮带连接到主轴芯旋转中心轴，可拆卸盖允许接触传动带和分度头。主要由以下几部分组成：

（1）电机：车床动力单元，一般配置碳刷电机、感应电机、伺服电机和开关磁阻电机作为车床主轴旋转的动力。

（2）分度轮：通过手动旋转的方式获得主轴的分度定位，也是安装毛坯工件时手工检查干涉时的旋转手轮。

（3）主轴锁定销：用于锁定主轴，进行卡盘、花盘安装和拆卸。

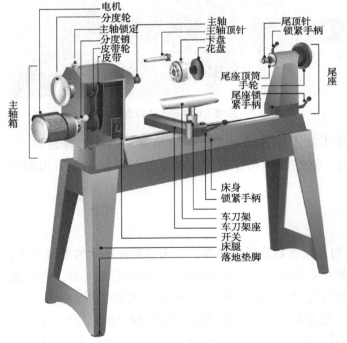

图7-5 车床结构图示

（4）分度销：对车削工件进行分度标定时，对主轴定位锁定的插销。

（5）花盘：标准车床附件。坯料固定在花盘上，然后将花盘拧到主轴。

（6）皮带轮：电机和主轴形成旋转关系的零件，通常分为高低档速度区，可以实现速度的调节变化。

（7）皮带：将电机输出动力传递给主轴工作。

2. 床身

床身是车床躯干部分，用于支撑车床所有部件。

3. 尾座

尾座为轴车削和面盘车削时固定坯料的一端，可沿床身滑动，以容纳不同长度的坯料。主要包含尾座轴筒和尾座手轮。

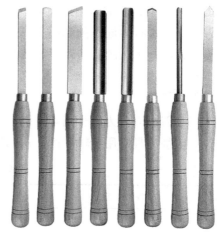

图 7-6　传统车刀

（1）尾座轴筒：一种带有反向锥度的空心轴，在摩擦配合下保持跟随转动以配合主轴工作；尾座手轮可以调节尾座轴筒前进和后退。

（2）尾座手轮：推进和收回尾座轴筒以固定工件。

4. 车刀架

在车削时为车刀提供支撑和支点。

（1）刀架：刀架的高度可以调节并锁定到位，刀架可以旋转到所需的角度进行车削。

（2）刀架底座：沿床身在主轴箱和尾架之间滑动，以定位刀架和工件距离，使用锁定杆将其固定在床身上。

三、车床的使用方法

在使用车床时，刀架调节到位非常重要。刀架充当车刀的支点，提供固定的水平承重面，用于在切割旋转毛坯时的平衡和支撑。车床上的刀架由两部分组成：刀架底座和可拆刀架。底座可根据工作需要沿床身长度方向滑动。刀架安装在底座上，刀架的高度和角度可调，可以平行于轴向车削和面车削时的车床床身、垂直于面车削时的床身或以两者之间的角度放置。此外，底座和支架可安装在车床外侧，可以是落地式刀架，也可以是链接床身的悬挂式刀架，主要用于大直径面车削。

木材车削前需要操作者掌握一些基本知识：木材的性质、刀具的知识、车刀使用技术以及整体的车削作品规划和设计考虑。在这些知识的基础上，才有可能用一系列富有挑战性的方式来表达创造力和想象力。

木材车削大致可分为轴车削（长而细的中心加工，如椅子腿、楼梯扶手、抽屉把手、工具手柄、棒球棍、擀面棍等）、端面车削（如球状和镂空形式的花瓶、球体、深碗等，又叫碗车削）和面盘车削（宽而平坦表面车削，如托盘、餐盘、钟面、杯垫等）。轴车削是熟悉和使用车床时需要进行的基本练习。通过轴车削，操作者可以掌握基本的用刀尝试、训练手感、掌握用刀技巧、改善和熟练控制刀具,只有熟练使用车床进行轴车削后,方可深入进行端面车削和面盘车削的学习。需要注意的是,轴车削和端面车削时,工件的纹理方向与车床的旋转轴平行。盘车削时,工件的纹理方向垂直于旋转轴。

四、车刀

车刀可以分为两个基本类别:切削刀具和刮削刀具。

切削刀具常用于轴车削,这些切削工具包括圆凿刀、斜凿刀和分离刀(表 7-1)。

表 7-1　切削刀具分类表

车刀类型		用途	示例
圆凿刀	粗圆弧口刀,又称粗圆刀、打胚刀等	主要用途是将方形截面的毛坯塑造为圆柱体,使木材变圆或者创造柔和的曲线造型	
	浅槽圆凿车刀,又称浅槽圆刀、指甲车刀、细节车刀、女士指甲车刀、轮廓车刀、成型车刀	用于轴车削表面形成各种内凹槽拱形的传统细节工具	
	碗状深槽圆凿车刀,又称碗状深弧口车刀、深槽碗刀、碗刀	主要用于端面车削中的挖空等操作	
斜凿刀	斜口车刀、斜口圆刃刀、椭圆斜口刀等	用于轴向车削过程中制作V槽、珠饰圆柱或者长凹面	
分离刀	标准分离车刀、菱形分离车刀、槽型分离车刀等	用于轴车削工件直接方向车削,确定工件直径尺寸和分割、分离工件	

刮削刀具通常用于车削面盘,其端面纹理垂直于旋转轴(表 7-2)。

表 7-2 刮削刀具分类表

车刀类型		用途	示例
刮刀	方端刮刀	用于压平和平滑凸面面盘车削，如碗的外部，切削刃在底面以 80° 倾斜	
	侧切刮刀	用于碗和其他空心面盘的内部	
	直边斜口刮刀	倾斜的直边刮刀，用于圆滑凸面和在面盘车削中标记同心切口，有左右手之分	
	圆鼻刮刀	用于平滑的刮削，在面盘车削中，如端面车削或空心容器中，对凹面光滑面进行抛光和精加工	
	半圆刮刀	较大的圆鼻刮刀，用于重型碗工作，有左右手之分	
	半球形刮刀	圆鼻刮刀的一个版本，用于对端面车削和其他空心面盘车削内部进行精细切割和修整	
	其他类型的刮刀	依据制造商和用户需求定制的其他形状版本的刮刀	

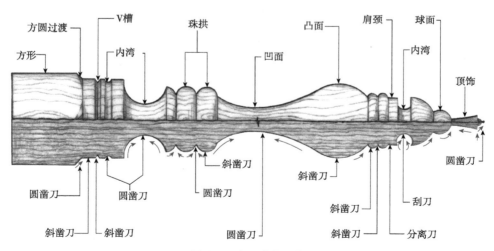

图 7-7 车刀应用示意

上述的车刀都属于传统的车刀范围，应用非常广泛，也是车旋工作必备的工具。现在，对初学者而已，车刀制造商推出了一种不需要研磨的即抛式车刀，这种车刀借鉴了金属车削加工中的转位刀片原理，在木工车刀上使用四面可转位的硬质合金刀片。客户在刀片使用钝化后，可以通过专用内六角扳手把刀片转换一面刃口，即可继续使用。

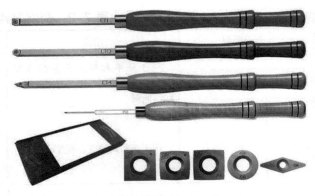

图7-8　即抛式硬质合金刀片车刀

这种即抛式车刀在加工形式上属于刮削刀具，但是因为使用技巧和手法更加简单，所以四种刀片形状即可完成轴车削、端面车削和面盘车削的大部分功能（图7-8）。

车床安全使用注意事项：

①车削时不要穿宽松的衣服、不要佩戴领带或不要佩戴戒指；记得卷起袖子。

②穿戴适当的安全设备，比如佩戴透明面屏或防护眼镜。

③确保车床正确接地，并在其自身电路上。

④表面处理时，不要使用大抹布，谨防缠绕并将手指拉入工作区域。

⑤开机前检查车床的转速；不要使用过快的速度。

⑥确保工作时照明充足。车床应该尽可能使用自然光；尽量将车床放置在窗户边。

⑦使用分度销时，请确保拔下插头，以防止主轴意外旋转；插入机床前，确保松开销钉。

⑧检查计划车削的木材是否有缺陷；避免毛坯出现扭曲、裂开或打结。

⑨使用正确的工具进行作业。

⑩车旋时，集中精力，并经常休息以避免疲劳。

⑪使用经过锐化的车刀，钝化的车刀比锋利的车刀更危险。

⑫在不影响正确使用车刀的情况下使刀架尽可能靠近工件；用手转动工件，确保其转动自如。

⑬操作车床时，不要饮酒或者服用影响中枢神经类的药物。

单元八　手持电动工具

手持电动工具，是指轻型绝缘材质的插电型电动工具和锂电无绳电动工具。手持电动工具种类很多，在家具制作中常用的有以下几种。

一、斜切锯

这是一种辅助工具，它是将电圆锯安装到圆形的可旋转底座上构成，并通过底座旋转使得电圆锯可以完成不超过45°的斜切。一般用于长料的截断和角度切割（图8-1）。使用方法如下：

（1）横切加工（图8-2）：用部件牢牢顶住靠山，将标记线与锯片对齐。松开锯片防护罩锁定开关或锁定杆，按下电源开关。待锯片达到最大转速压下机身用锯片对部件进行锯切。一旦部件被完全锯断，升起锯片离开部件，然后关机。

（2）滑动横切（图8-3）：首先将部件固定在斜切锯的工作台面上，把机身拉向操作者，然后松开锯片防护罩锁定开关并开机。放低锯片切入部件，对机身均匀施力将锯片缓慢地向前推送。

（3）锯切斜角（图8-4）：首先将斜切锯像横切时一样设置，然后释放锁定系统，将锯片偏转到与靠山成45°角的位置，拧紧旋转台，然后进行锯切。

（4）锯切复合角（图8-5）：首先设置好斜角的角度，即锯片和靠山的角度，方法与锯切斜角一样。

二、手电钻

这是使用最广泛的手持电动工具，一般有插电型手持电钻（图8-6）和充电型手持电钻（图8-7）。手电钻一般用于钻孔和拧螺丝。

现在的充电型电钻重量轻，噪声小，携带方便，更符合现代使用习惯。充电型电钻可

图8-1　斜切锯

图8-2　斜切锯横切加工

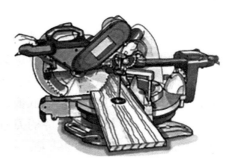
图8-3　斜切锯滑动横切

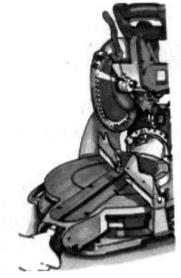
图 8-4　斜切锯锯切斜角

图 8-5　斜切锯锯切复合角

图 8-6　插电式手持电钻

图 8-7　充电型手持电钻

分为固定转速和可变转速两种，所有电钻都配有反转模式开关，可以用来取出螺丝。

三、电木铣

这是一种多功能工具，主要功能包括修边、制作榫眼和燕尾榫、做搭扣槽和铣槽，也可以铣制各种形状等（图 8-8）。

电木铣由有轻量级塑料机身、筒夹、操作把手、变速调节装置、升降锁、深度限位器、底板、侧面靠山和导套等组成。

①筒夹　一般能够加持柄刀直径为 6.35mm（1/4 英寸）或 9.52mm（3/8 英寸）的铣刀，一些较大的电木铣配有能够夹持的刀柄直径达到 12mm（1/2 英寸）的筒夹。

图 8-8　电木铣

②变速调节装置　根据输出功率不同，最大转速通常为 20 000~30 000rpm。在使用较大直径的铣刀，或者加工质地较软的金属和塑料材料，或者在进行复杂徒手铣削等情况下需要降低转速，保证操作安全。

③深度限位器　决定铣刀刀头能从底板伸出的距离，也就是能够切入木料的深度。一般电木铣配有转台限位器，预置三种不同的铣削深度。

电木铣根据功率的大小分成三个类型，轻型电木铣、中型电木铣和重型电木铣。

①轻型电木铣（图 8-9）　一般最大功率为 750W，可以完成铣削凹槽、企口槽、修边等工作，也称修边机。

②中型电木铣（图 8-10）　功率在 800~1200W，这是制作家具，完成一些细木工工作的理想选择。这种相对小巧的电木铣既能倒装，也能正装到铣台上，并有许多专门为这种尺寸的电木铣生产的配件、夹具和模板，可配套使用。

③重型电木铣（图 8-11）　输入功率 1850~2200W，可以安装较大铣刀完成诸如制作门窗这类细木工操作，可以完成更深、更宽的铣削工作。

图 8-9　轻型电木铣　　　图 8-10　中型电木铣　　　图 8-11　重型电木铣

四、木榫连接开榫机

主要用来制作企口接合件，一般有对接接合、边对边接合、斜接接合（图 8-12）。根据榫片的不同，常用有三种木榫连接开榫机：多米诺开榫机（图 8-13、图 8-14）、饼干榫开榫机（图 8-15、图 8-16）和拉米诺开榫机（图 8-17、图 8-18）。

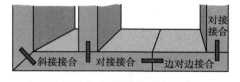

图 8-12　零部件的接合方式

五、手持磨机

手持磨机可以通过自身的运行方式来加以区分：驱动一个带子做连续的循环运转（砂

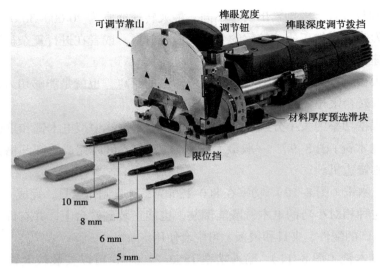

图 8-13　多米诺开榫机

图 8-14　多米诺榫片　　　　　图 8-15　饼干榫机

 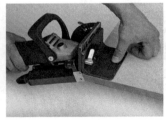 

图 8-16　饼干榫片　　　图 8-17　拉米诺开榫机　　　图 8-18　拉米诺榫片

带机）(图 8-19)、以旋转的轴驱动一个圆盘（盘式砂光机）(图 8-20)、驱动一张砂纸在一条轨道内运动（轨道式砂光机）(图 8-21) 等。主要功能为打磨物料。

图 8-19　砂带机　　　　图 8-20　盘式砂光机　　　图 8-21　轨道式砂光机

单元九 手持手工工具

手持手工工具，是指用手握持，靠手驱动作用于物体的小型工具。一般均带有手柄，有便于携带特点。手持手工工具种类繁多，常用的大致分为木工桌、手锯、手刨、木工凿、木工锤、木工锉、量具与划线工具、研磨和木工夹具等。

一、手锯

手锯是木工工作的最基础工具，主要用于下料锯切和制榫锯切。

根据使用方式，可以分为中式框锯（图9-1）、日式拉锯（图9-2）和西式推锯（图9-3）。

下面选取日式拉锯重点介绍。日式拉锯中选取了常用的三种功能的手锯：双刃锯、导突锯和细木工锯。

①双刃锯（图9-4）是一种组合锯，锯片的两边分别具有横切锯齿和纵切锯齿。该锯主要用于材料的下料锯切。

②导突锯（图9-5）是日式的夹背锯，该锯主要用于制榫锯切。

③细木工锯（图9-6）一般用于平切。将锯片弯曲顶住部件表面然后水平移动切掉圆木榫突出部分，使其顶部与周边材料表面齐平。

下料锯切可以使用的常规用锯有：日式双刃锯、西式裁板锯、中式框锯。

制榫锯切可以使用的常规用锯有：日式导突锯、西式的夹背锯、中式框锯。

曲线锯（图9-7），是手锯里面的一种特殊用途锯，主要用来锯切曲线形状。

二、手刨

手刨主要用来刨光、刨平、刨直或削薄木材。

根据产地和使用手法，可以分为中式刨（图9-8）、日式拉刨（图9-9）和欧式推刨（图9-10）。根据功能，可以分为粗刨、台刨、细刨、修整刨、短刨和一些特殊刨类（如

图9-1 中式框锯

图9-2 日式拉锯

图9-3 西式推锯

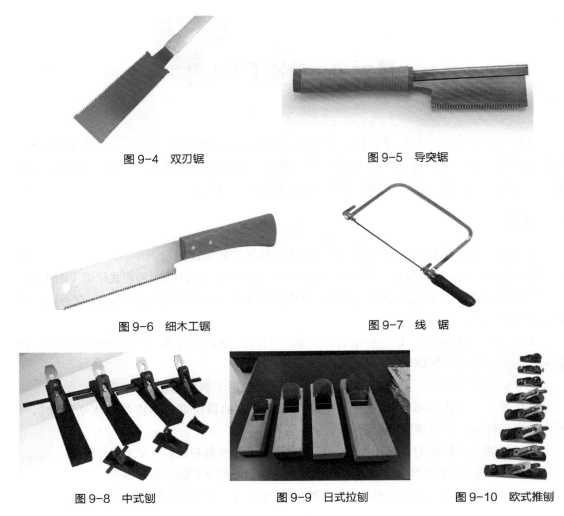

图 9-4 双刃锯

图 9-5 导突锯

图 9-6 细木工锯

图 9-7 线 锯

图 9-8 中式刨

图 9-9 日式拉刨

图 9-10 欧式推刨

槽刨、肩刨和鸟刨)等。

手刨主要具有以下功能和作用：
①刨光功能　是指木材从毛坯料到表面光洁的加工过程，一般可使用粗刨和台刨。
②刨直功能　是指木材从表面光洁到形成基准面的加工过程，一般可使用细刨和修边刨。
③着平和修角功能　着平是指刨平榫头突出部分，使其顶部与周边材料表面齐平；修角是指把锐利的直角修成不割手的类弧角。一般可以使用短刨。

其他功能还有如开槽使用槽刨，做搭肩榫使用肩刨，弧形修面使用鸟刨，表面光洁处理使用刮刨等。

三、木工凿

木工凿是木工重要手工工具之一，主要由刀刃和凿柄组成。主要用来去除制作榫卯接合件时的废木料及对部件进行塑形和修整。木工凿种类繁多，最常见的是斜边凿（图 9-11）、榫眼凿（图 9-12）和燕尾凿（图 9-13）。

①斜边凿　刀刃由凿柄向刀锋形成一个斜角。该类凿子是专门为手工修整和塑形部件设计，该凿可以用手推切，也可以用木锤锤切。凿身宽度一般 3~38mm 不等。

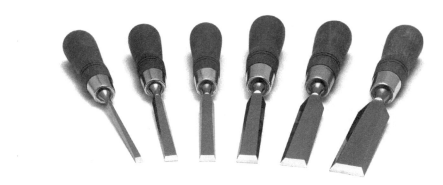

图 9-11　斜边凿

图 9-12　榫眼凿

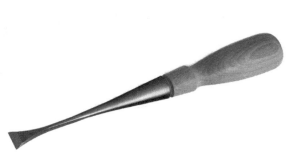

图 9-13　燕尾凿

②榫眼凿　主要作用就是开榫眼。大多数榫眼凿都在手柄和凿身之间装有能吸收震动的皮质或金属垫圈。凿身宽度一般为 4~16mm 不等。

③燕尾凿　也称鱼尾凿，该凿凿身具有三角形横截面，尤其适合凿切燕尾榫接合件中销件和尾件之间的废木料。凿身宽度一般为 3~12mm。

四、木工锤

木工锤主要有三种：木锤（图 9-14）、铁锤（图 9-15）和橡胶锤（图 9-16）。三种锤子的功能和使用各有不同。

①木锤　主要用来敲击凿子，它能传递强大的冲击力，并给凿柄带来较小的损害。

②铁锤　一般用来敲击钉子或拔取钉子。

③橡胶锤　在组装或拆卸部件时使用，它不容易让木材产生凹坑，损伤木料。

五、木工锉

木工锉（图 9-17）主要用来磨边，做曲线和雕刻木材。锉刀整体是硬钢，其表面布

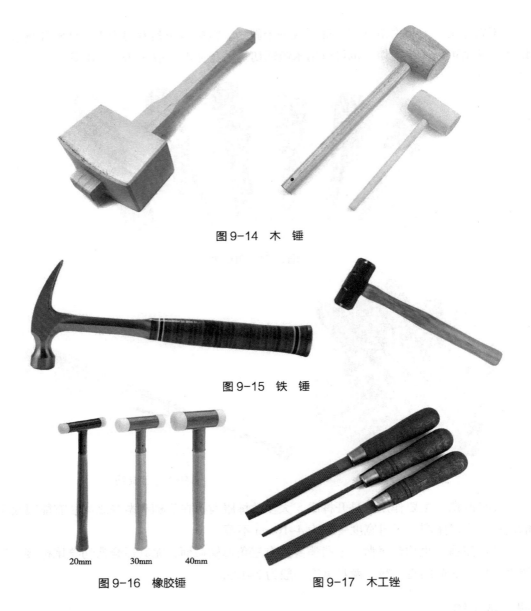

图 9-14 木　锤

图 9-15 铁　锤

图 9-16 橡胶锤

图 9-17 木工锉

有一道道平行的刻痕。刻痕的深度和形态决定了其对木材的磨损能力。按锉刀的横截面形状，可以分为平锉、圆锉、半圆锉和三角锉。按锉齿的大小和分布，可以分为粗锉和细锉。

六、木工夹具

木工夹具可以将板材挤合在一起，在进行组装和胶合工作的时候尤其有用。木工常用的夹具有：杆夹类（图 9-18），平行夹（图 9-19），F 形夹、棘轮夹（图 9-20），管夹（图 9-21），快速夹（图 9-22），带夹（图 9-23），弹簧夹（图 9-24）（A 形夹、可调节弹簧夹），C 形夹（图 9-25）。

图 9-18　杆夹类

图 9-19　平行夹

图 9-20　棘轮夹

图 9-21　管　夹

图 9-22　快速夹

图 9-23　带　夹

图 9-24　弹簧夹

图 9-25　C 形夹

单元十　实验室除尘

粉尘到底是什么？粉尘是颗粒污染物，是母体物质通过破碎、筛分、运输、加工等机械或动力作用形成的固体颗粒物。颗粒较粗，形状通常不规则，粒径为 0.1~100μm。

在木材加工过程中，由于锯切、刨削、钻凿、打磨等工艺的机械作用，会产生大量颗粒粉尘，这些粉尘大小不一，均存在潜在的危害。

木工实验室粉尘的危害主要表现为对人体健康的影响，对室内环境的影响，对设备和制品的影响。

木材加工过程中产生的颗粒物对人体健康的影响，取决于颗粒物的浓度和人们身处其中的时间，木材的种类也影响人体对颗粒物的敏感程度。这些影响会表现为诸如上呼吸道感染、支气管炎、气喘、肺炎、肺气肿、皮肤过敏等疾病。特别是细尘，由于过小，不能被鼻毛或者黏膜过滤，因而很快就会侵入肺部，这都可能对人体导致严重的损伤。木材粉尘粒径大小是危害人体健康的重要因素。粒径越小，质量轻，长时间悬浮在空气中易被吸入人体；粒径越小，粉尘比表面积越大，其物流、化学活性越高，加剧了生理效应的发生和发展，颗粒表面易吸附其他污染物及有害气体，导致进一步的危害。

图 10-1 呈现了粉尘粒径进入人体器官危害对照情况。粉尘粒径越小、颗粒越多，越危害健康。粒径小于 10μm（PM10）才能进入呼吸道，粒径小于 2.5μm（PM2.5）可到达肺部。超细粒子几乎和蛋白质一样小，可以渗透到身体细胞中，并渗透到血液中。

粉尘对室内环境的影响很大，木工实验室内，若无粉尘捕捉手段，将会粉尘弥漫，粉尘长期悬浮在大气中，大颗粒沉降粉尘还会导致地面打滑。就算每次工作完毕进行打扫，依然不能根除，长期以往，将会在重污染的颗粒粉尘环境中工作学习。

粉尘对木工实验室内设备和制品的影响更加直接。粉尘颗粒长期吸附于机械轴承、电器箱等，混合油脂，均会影响零部件寿命和机械性能，降低设备的妥善率。粉尘还会对木材形态改造过程产生影响，产生沾污性损害和化学性损害，导致最终的制品品质产生较大的差异性。

如何捕捉和抑制粉尘成为木工实验室规划和部署时要面对的问题。

最好的控制木屑粉尘的方法，一是使用高品质的防尘面罩、防尘口罩，隔绝各类粉尘进

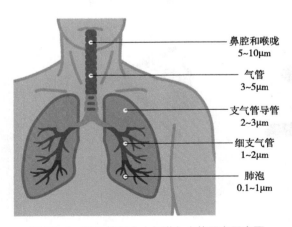

图 10-1　粉尘粒径大小与进入人体器官示意图

入肺腔；二是在实验室空间使用空气过滤系统；合理部署集尘器并在源头抑制和收集粉尘。

在木工实验室搭建除尘设备时，需要综合考虑以下几个问题。

一、木工实验室内的设备种类、类型和集尘方式

通常，木工实验室内部放置着各类工具，包括不可移动的固定机械设备、手持电动工具、手持木工工具等。

①固定机械设备　主要有台锯、带锯、铣床、平刨、压刨等。典型特征是使用感应电机或者串激电机作用的动力源，机器自身设计外接直径100mm、120mm、125mm、150mm等尺寸的集尘口。这类设备产生的粉尘类型为沉积的粉尘，通过腔体内收集并外接集尘管，通常使用中压除尘器完成集尘工作。

②手持电动工具　主要有电木铣、砂光机、电刨、电圆锯、多米诺开榫机、拉米诺等，以及可移动电动工具，诸如斜切锯等。这类工件需要经常手持操作或者转移现场操作，所以机器自身设计外接口直径为58mm、55mm等，管径为20mm、27mm、29mm、32mm、36mm等，这类电动工具通常为开放式短距除尘，通常需要高压的集尘设备完成除尘工作。

③手持木工工具　工作时主要是手持锯、手持刨、凿和手工打磨产生粉尘，这类粉尘需要在作业后清理和收集，通常通过中压集尘器或者高压集尘器来完成灰尘的收集除尘工作。

二、除尘设备的选型

将不同类型加工方式的加工状态以及这些设备设计预留的集尘口等因素结合起来考虑，需要选择至少两种类型的集尘器作为木工实验室的集尘基本设备。

首先，从工作原理上来看，一类集尘器是利用重力、空气动力、离心力的作用使颗粒物与气流分离并捕集的除尘设备；另一类是采用纤维滤料将空气中的颗粒进行分离的除尘设备。

将上述两类集尘器结合起来是目前主流的集尘工作原理。如流行的两段式旋风集尘器（图10-2），前段采用旋流离心沉降的方式，后端采用过滤桶的方式。大型脉冲式集尘器采用惯性冲击分离结合滤袋的方式。布袋式集尘器，小型桶式高压集尘器都是采用纤维滤料分离的方式。

其次，从设备所需风量和静压力的角度，可以把集尘器简称为中压集尘器和高压集尘器（图10-3）。这里的中压和高压指的是风机工作时，一定流速条件下所产生的最大静压力，静压力是使空气收缩或膨胀的压力。

集尘设备的选择应该依据实验室内设备种类、数量、风量需求，合理搭配选用中压集尘器和高压集尘器。还要考虑噪声、灰尘处理、滤材成本等因素合理选择。

图10-2　常见的两段式旋风除尘器

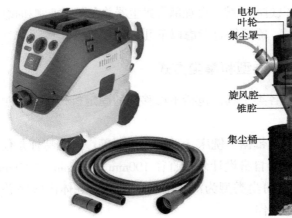

图 10-3 常见的高压集尘器

图 10-4 利用旋风和过滤作用的两段式集尘器工作示意图

三、集尘设备的使用

集尘器一旦选型,在木工实验室内进行部署,要充分考虑到木工实验室内设备相对固定、开机因素等情况,有条件的配置硬管连接的(镀锌管)中央集尘管道系统(图 10-5)。通过设计计算,可以更大限度地利用集尘器的效能,节约能耗,节约空间,实现加工主机和集尘主机联动联控,能有效地在粉尘源及时抑制和捕捉粉尘。

木工实验室除了需要部署木工集尘器外,还应该适当地部署空气过滤系统(图 10-6),空气过滤系统相当于小型的集尘器,只不过是开发式的集尘口,与家用空间净化器类似,使用滤材实现对空间悬浮颗粒物的过滤,以清洁空气。通常,空气过滤器设置在高度 400~1800mm 的高度。

通过佩戴防尘口罩、防尘面罩实现自我防护,通过合理的集尘器选型和部署实现对粉尘源头的抑制和捕捉,通过空气过滤系统的配置,最大限度地净化木工实训空气质量,为学习工作创造舒适、健康的环境。

图 10-5 部署中的中央集尘管道系统图

图 10-6 立式空气过滤器

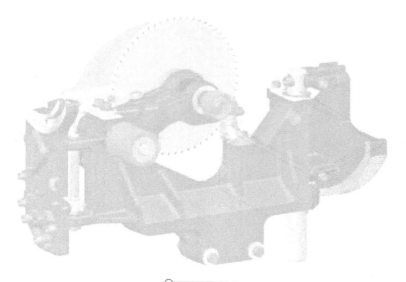

模块二
实　操

项目一　燕尾榫木盒子
项目二　吧台凳
项目三　靠背椅
项目四　高脚柜
项目五　安娜女王茶桌
项目六　换鞋凳

项目一　燕尾榫木盒子

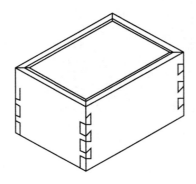

一、部件分解

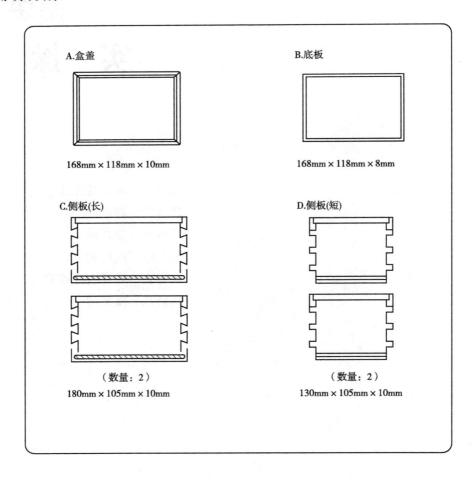

A.盒盖
168mm × 118mm × 10mm

B.底板
168mm × 118mm × 8mm

C.侧板(长)
（数量：2）
180mm × 105mm × 10mm

D.侧板(短)
（数量：2）
130mm × 105mm × 10mm

二、分步制作详解

1. 取部件 C，使用霍夫曼燕尾榫开榫机，根据尺寸要求打出榫眼（母榫）。

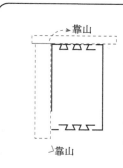

▲打榫前，应先在台面上，根据实际需要，在左侧或右侧设置靠山，打榫时，应将部件 C（侧板长）两边紧贴靠山。

▲为了增加打榫的效率及精确度，可事先计算好榫间距，制作不同宽度的木条添置于部件与靠山之间。

2. 取部件 D 画线，并标记 45° 对角线，锯切部件 D 榫头（公榫）。

①用划线器取部件 C 的厚度

②对相邻部件 D 进行画线

③将部件 C 对部件 D 进行套线

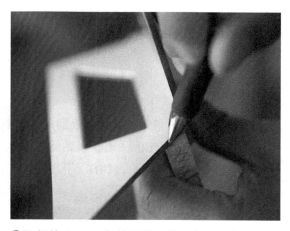

④取部件 C、D，标注里外，使用角尺画部件两端 45° 角线

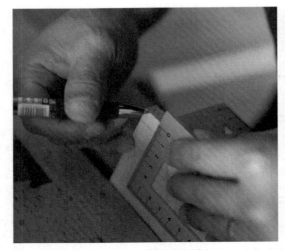
⑤使用角尺将侧面榫线过至侧板大面上

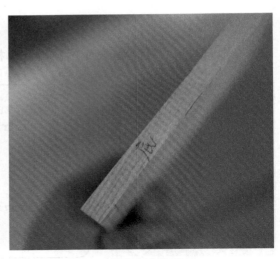
⑥分别对部件C、D进行顶底的标注

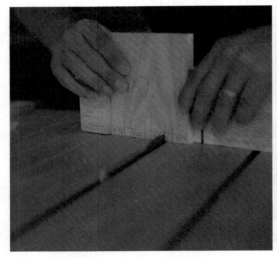
⑦使用推台锯（或手工），对部件D进行开榫（为了保证锯切时的安全性及精确度，在角度靠尺上再设置定位靠山）

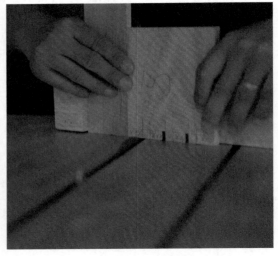
⑧锯切过程中，为了准确控制锯切距离，可以事先制作相应尺寸的挡块，按顺序使用

注意事项

①进行部件D榫头切割时，根据角度切割要求，对台锯的角度进行调节。

②部件C、D事先标注内外，始终将标注"内"的一面紧贴靠山。

③可事先测量榫间距，制作不同宽度的挡块，添置于部件与靠山之间，增加锯切效率和准确性。

3. 修整部件 D，分别对部件 C、D 进行 45°角锯切，并试装部件 C、D。

①使用手板锯对部件顶角进行 45°角锯切

②将部件翻转，锯切另一边，注意留线

③使用木工凿对部件 D 榫头边角处进行修整

④使用手板锯对部件 C 进行 45°角锯切

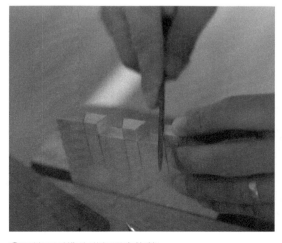
⑤用锉刀对榫头进行适当修整

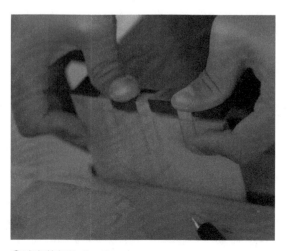
⑥试安装部件 C、D

4. 对部件 C、D 进行铣槽。取部件 B，根据尺寸截料并对榫头进行铣削。

①铣槽前，应使用砂带机对盒体的顶面、底面进行打磨

②拆下盒体，使用倒装铣机，分别对部件 C、D 所标记的里侧顶部进行铣型，底部铣底板槽

③试安装，测量盒体内径，计算出部件 B 的尺寸。底板长宽尺寸 = 盒体内径长宽尺寸 + 部件 C、D 铣槽深度

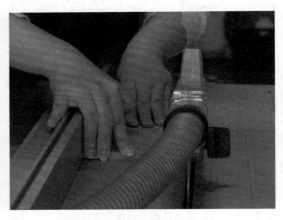

④使用台锯，对部件 B 按照尺寸进行截料

⑤使用倒装铣机，对部件 B 进行四面榫头的铣削

5. 打磨，上胶组装部件 B、C、D。

①对部件 B、C、D 进行打磨

②使用棉棒对部件 C 榫眼部位适当涂胶

③安装盒体

④使用夹具夹持，用湿布及时擦去溢出的胶渍

6. 对部件 A 进行断料并铣边。

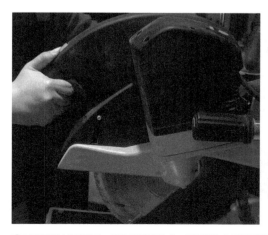
①使用型材切割锯，根据测量尺寸，对部件 A 进行断料

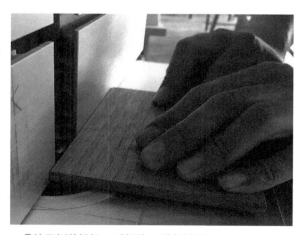
②使用倒装铣机，对部件 A 进行铣型

7. 对盒体进行倒圆角，打磨，表面涂装。

①使用倒装铣机，对盒体进行倒角　　②对木盒进行打磨　　③吹尽表面灰尘，进行表面涂装

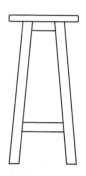

一、部件分解

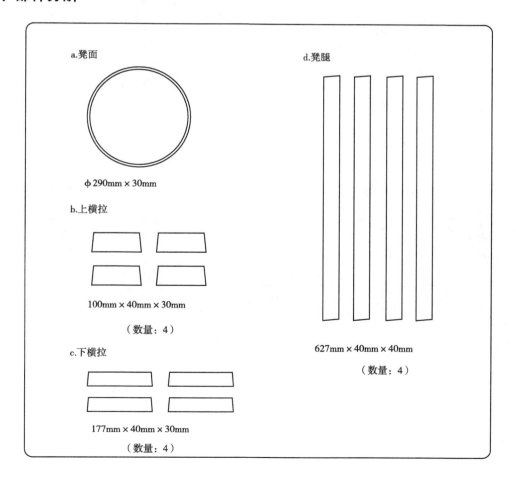

二、分步制作详解

1. 画线，按尺寸截料，锯切部件 a 形状。

①取方料，画线，依次锯切部件 d

②取部件 a，使用模版进行画圆

③使用带锯对部件 a 进行圆弧锯切。

2. 锯切部件 d、b、c 的角度，画线打榫。

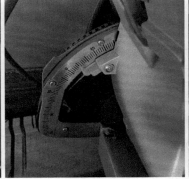

①取部件 d，将型材切割锯水平角度盘向右侧调动 5°，再将锯片角度盘向左侧拨动 5°，对部件 d 进行角度锯切（技巧：一端锯切完毕后，连接端面的最低点和最高点，锯切另一端时将最低点抵住限位挡块，可避免出现角度锯切错误）

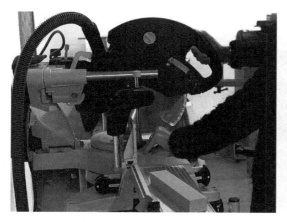
②将锯片角度复位,取部件b、c进行角度锯切

③取部件d,用夹具固定后画线,对打榫部位做出标记,并用多米诺开榫机分别对两端开榫。

3. 对部件a进行铣型,部件b、c、d进行铣边。

①取下模板,对部件a进行倒棱

②分别取部件a、b、c、d进行倒棱

4. 对部件进行打磨,试组装。

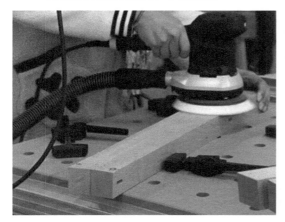
①对所有部件进行打磨

②对部件b、c、d进行试组装

5. 对部件 b 进行打孔，上胶组合部件 b、c、d。

①使用台钻，对部件 b 进行中心打孔　　②对部件 b、c、d 进行上胶组装

6. 检查顶面平整度，整体组装，表面涂装。

①检查顶面是否平整，使用长刨进行修整　　②使用螺丝，连接部件 a　　③吹净吧凳表面灰尘，进行表面涂装

项目三　靠背椅

一、部件分解

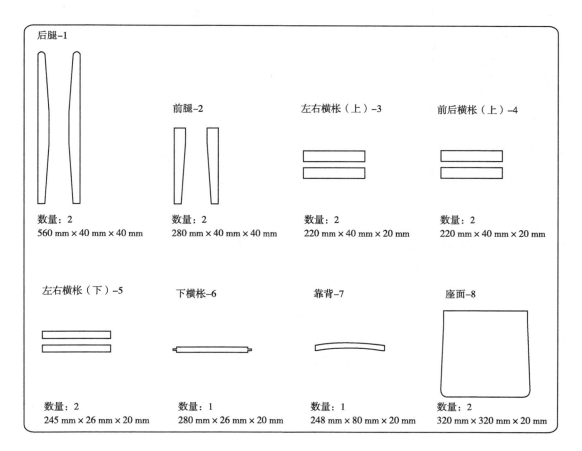

二、分步制作详解

1. 框架所有材料长度的切割。

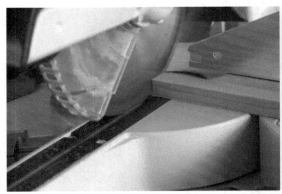

取方料，画线，以次锯切部件 1、2、3、4、5、6、7

2. 切割后的部件 1、2 用 "△" 标记的位置关系，并画出需要锯切腿型的线。

① "△" 标记标注部件 1、2 左右位置关系，有 "△" 标记的一面朝上，量取 230mm 做标记画垂线。

② 角尺过线，将垂线分别过渡至 "△" 标记的相邻面（前腿料过线至任意相邻面）

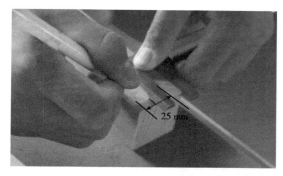

③取前部件1、2，分别在画线一面的左右两端各量取25mm距离并做标记

④分别将同一面上25mm处的标记与230mm的垂线相连

⑤顶端做标记，提示要锯切的部分

⑥分别在画线的相邻面上标注数字，提示锯切顺序

3. 部件1、2角度切割（使用模版按照1、2、3、4的顺序）。

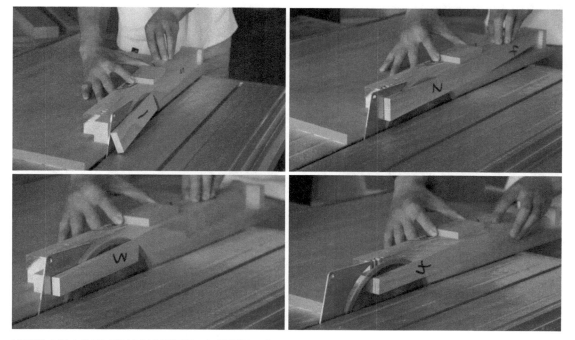

按照数字顺序分别对腿斜度进行锯切，每根锯切4次

4. 部件 2 角度切割完成后的切断

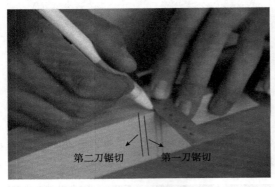

①取部件 2 画线，从两端各向中间取 280 mm 画线，用角尺过线至另一面（剩下的 5mm 为锯路）

②使用斜切锯沿线将前腿料断开，共锯切两次

5. 所有的部件用"△"标注位置关系，并画多米诺榫眼加工线。

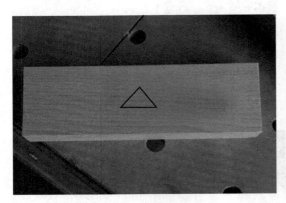

①明确部件 7 上下左右、内外位置关系

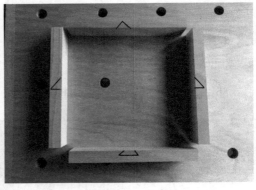

②明确部件 3、4 位置关系

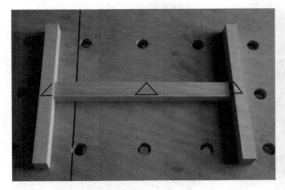

③明确部件 5、6 位置关系

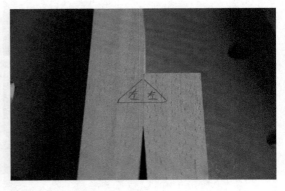

④明确部件 1、2 位置关系

6. 所有的部件画多米诺榫眼加工线。

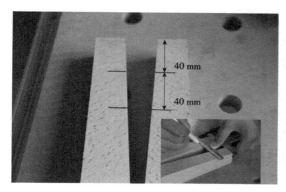

①取部件1，有"△"（无字）标记的一面朝上，从顶端向下分别量取40mm，左右腿分别标记多米诺榫眼打孔中心位置

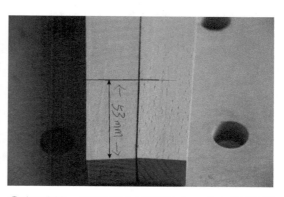

②移至底端，从底部向上量取53mm，左右分别标记多米诺榫眼打孔中心位置

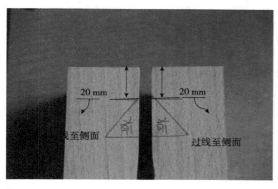

③取部件1，有"△"（有字）标记的一面朝上，从顶部向下量取20mm，左右分别标记多米诺榫眼打孔中心位置，再使用角尺过线至侧面

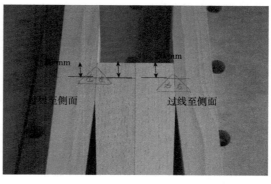

④取前后腿料，侧面有"△"标记的一面朝上，按照前腿所画的多米诺加工标记过线至后腿，并过线至后面

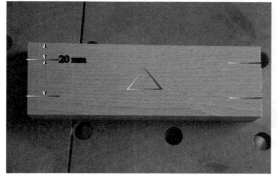

⑤取部件7，有"△"标记的一面朝上，从顶端向下分别量取20mm、40mm，左右分别标记多米诺榫眼打孔中心位置

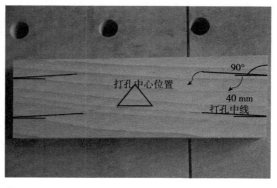

⑥以斜边为其中一条直角边，利用角尺从打孔中心位置画垂线

⑦部件3、4标注打孔中心位置

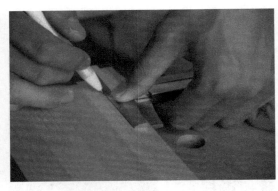
⑧取部件5标注打孔中心位置

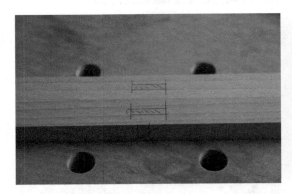
⑨取部件5画线标注榫眼位置

⑩取部件6，将20mm厚的料分别划分成7mm，6mm，7mm，标注榫头宽度线13mm

7. 部件3、4、5、7多米诺榫眼加工。

将部件固定在工作台上，调节制榫机档位至10mm，分别对部件两端进行打孔

8. 部件1、2多米诺榫眼加工。

①将部件固定在工作台上,调节制榫机档位至15mm,沿打孔中线分别进行打孔(与部件4连接)

②将部件固定在工作台上,调节制榫机档位至13mm,沿打孔中线分别进行打孔(与部件5连接)

③将部件固定在工作台上,调节制榫机档位至15mm,沿打孔中线分别进行打孔(与部件3连接)

9. 部件5手工榫眼加工(制榫机+手工)。

①将部件固定在工作台上,调节制榫机档位至13mm,沿打孔中线对榫眼进行预打孔

②使用木工凿对榫眼形状进行加工

10. 部件 6 榫头加工（斜切锯 + 铣机）。

①设置挡块，根据尺寸调节部件 6 的位置，调节锯片向下锯切的幅度并锁死（注意留线），对部件 5 两端分别进行榫头的加工

②调节铣刀的深度，对榫头进行铣削修整

11. 部件 7 加工制作。

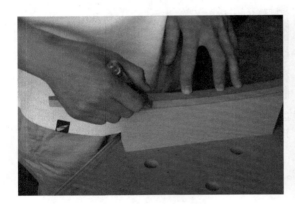

①用模板在靠背顶端画半径为 713 的圆弧

②使用带锯分别对内侧、外侧弧度进行锯切，注意留线

③使用砂带机分别对内弧和外弧进行打磨修整

12. 框架后腿部圆角加工处理

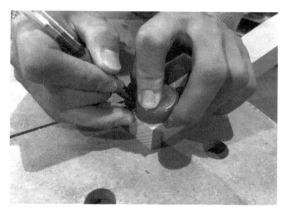

①画出后腿顶部半径 12.5 的圆角（可用瓶盖代替）

②使用砂带机加工，务必保持两根腿料一致

13. 框架所有部件倒角加工

调节铣刀深度，靠山距离，对前后腿外侧铣 3mm 圆边

14. 部件 3、4 螺丝孔位加工

①画线，标注打孔位置

②手持电钻打沉孔时需注意钻头与材料必须保持垂直

15. 框架胶合前的打磨、收棱

①打磨时需戴口罩，注意防尘，打磨机不要停在一个部位过长时间

②收棱时所有部件确保都已打磨，棱角确保不割手、均匀

16. 框架胶合（注意：先左右两侧框）。

①榫孔、端面分别涂胶，安装侧框

②将左右两侧框用夹具固定（测量对角线、水平度）

17. 部件画线切割（带锯）。

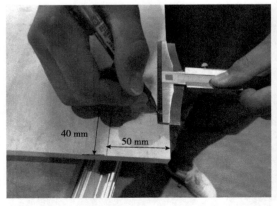
①取部件8画"L"槽切割线，注意纹理方向，顺纹理方向画40mm的垂线，逆纹理方向画50mm的垂线

②在50mm垂线上从外侧向内侧量取10mm做标记，连接顶底画梯形

③锯切前,对准锯条与所画线

④调节带锯靠山,按画线位置进行锯切

18. 部件 8 梯形切割、圆角打磨。

①将台锯角度规调至 2.1°

②根据椅面宽度设置限位挡块,对椅面梯形进行切割

③取任意瓶盖对椅面进行圆角画线

④打磨时注意纹理方向,将椅面的正面朝上,顺纹理方向打磨圆角

19. 整体组装。

①拆除两侧框夹具，上胶整体组装框架

②使用夹具固定

20. 表面涂装（略）

注意：涂好之后要用干布擦拭。

项目四 高脚柜

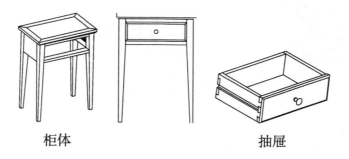

柜体　　　　　　抽屉

一、部件分解

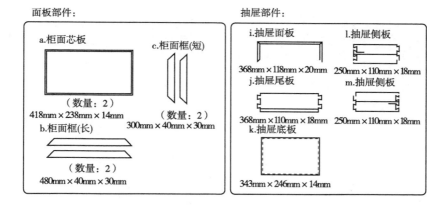

面板部件：
- a.柜面芯板（数量：2）418mm×238mm×14mm
- b.柜面框(长)（数量：2）480mm×40mm×30mm
- c.柜面框(短)（数量：2）300mm×40mm×30mm

抽屉部件：
- i.抽屉面板 368mm×118mm×20mm
- l.抽屉侧板 250mm×110mm×18mm
- j.抽屉尾板 368mm×110mm×18mm
- m.抽屉侧板 250mm×110mm×18mm
- k.抽屉底板 343mm×246mm×14mm

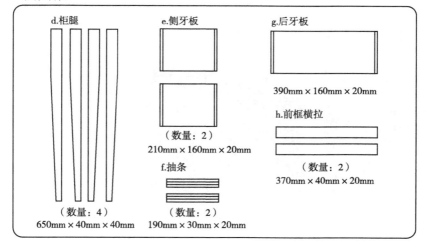

柜体部件：
- d.柜腿（数量：4）650mm×40mm×40mm
- e.侧牙板（数量：2）210mm×160mm×20mm
- f.抽条（数量：2）190mm×30mm×20mm
- g.后牙板 390mm×160mm×20mm
- h.前框横拉（数量：2）370mm×40mm×20mm

二、分步制作详解

1. 取部件 d、f、h，画线，按尺寸截料。

① 使用型材切割锯，分别对部件 d、f、h 进行断料

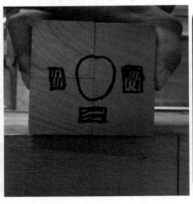
② 根据尺寸对部件 d 进行画线

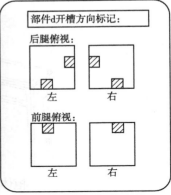

③ 根据尺寸，标记前腿打榫位置

④ 根据尺寸，标记后腿打榫位置

2. 根据图纸对部件 d、f、h 相应位置进行打榫。

① 取部件 d，使用多米诺开榫机进行打榫

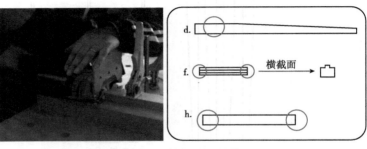
② 取部件 f, h 使用多米诺开榫机对两端进行打榫

3. 断料 e、g，抽槽，对部件 d 进行斜度切割，试组装。

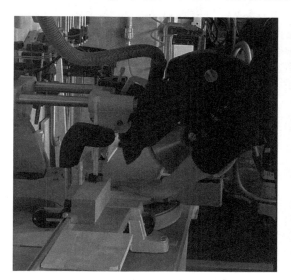

①取部件 e、g，使用型材切割锯进行断料

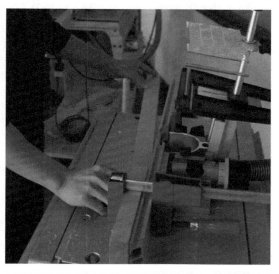

②使用倒装铣机对部件 d 进行抽槽（注：槽两端不铣到头的情况下，需要利用挡块进行限位，另注意腿部槽口的对应位置）

③使用倒装铣机，对部件 e 进行铣榫（铣榫时注意使用助推工具，操作者需站立于铣机右侧，将部件紧贴靠山，从右向左匀速推进）

④使用倒装铣机，分别对部件 g、f 进行铣槽（铣槽时注意使用助推工具，操作者需站立于铣机右侧，将部件紧贴靠山，从右向左匀速推进）

⑤使用木工凿对腿部槽口圆角部位进行修整

⑥调整台锯角度，利用模版，根据标记对部件 d 的大小头进行切割

⑦使用手工刨对部件直角边进行倒棱

⑧试组装柜体

4. 取料，按尺寸进行截料。

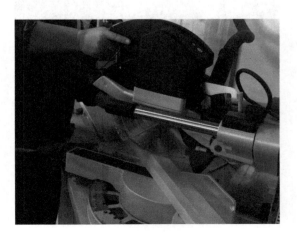

使用型材切割锯对部件 a 进行断料，对部件 b、c 两端进行 45°角度切割

5. 抽槽，打榫连接，组装部件 a、b、c。

①使用倒装铣机对部件 b、c 内侧进行铣槽

②使用霍夫曼 MU-2 燕尾榫机对部件 b、c 进行打榫

③使用手工刨对部件 a、b、c 直角边进行倒棱

④分别测量部件 b、c 的内径尺寸，以此为依据，计算出部件 a 的铣槽深度

⑤使用倒装铣机对部件 a 进行四面铣槽

⑥试安装部件 a、b、c

6. 上胶分别组装台面及柜体。

①上胶组装面板

②将霍夫曼燕尾榫带胶敲入部件 b、c 连接处,用夹具夹持,放置一边待干

③待胶渍完全干燥后,使用倒装铣机对台面下口进行 10×45° 倒角

④打磨后对柜体进行上胶组装,先从柜体两侧进行组装,再安装部件 g、h

⑤柜体带胶组装后用夹具夹持(夹持时应注意使用垫块,夹持完毕后用卷尺拉对角线校正角度,及时擦去溢出的胶渍)

7. 制作抽屉部件，打磨，上胶组装。

①取料，根据尺寸进行断料

②根据工件形状，选取正确的定型燕尾刀

③取部件 l、m，使用倒装铣机分别对母榫进行开槽（注意利用推台设置靠山）

④取部件 l、m，利用霍夫曼燕尾榫机打出公榫

⑤取部件 i、j 利用部件 m 或 l 进行套线

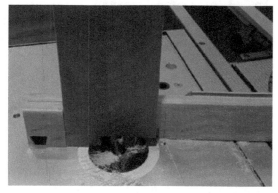

⑥根据工件形状，选取正确的直刀，安装在倒装铣机上，取部件 j，将铣机靠山调至需要的角度，对两端燕尾榫进行铣削

⑦取部件 i，利用定型燕尾刀对半槽进行铣削

⑧再使用木工凿对槽口形状进行修整

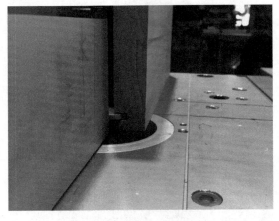
⑨使用倒装铣机分别对部件 i、j、l、m 进行铣槽。试组装后，上胶夹持。使用倒装铣机对部件 i 四侧进行 8×45°的倒角

8. 柜体画线打孔，擦木蜡油，上胶组装。

①将面板底面朝上，放置于台面上，再将柜体倒置于面板上，居中摆放，用铅笔沿柜体外框做标记线（事先检查柜体顶部是否相平，如果不平，使用打磨机或长刨刀进行修整）

②使用多米诺开榫机沿柜体外框线对面板反面相应位置进行打榫（不平处用木板垫起，保证基准面垂直）

项目四 高脚柜

③将柜体侧倒,使用多米诺开榫机对柜体标记线处进行打榫

④使用木榫连接台面与柜体后(可上胶),对高脚柜进行表面打磨、涂装(木蜡油)

项目五　安娜女王茶桌

一、部件分解

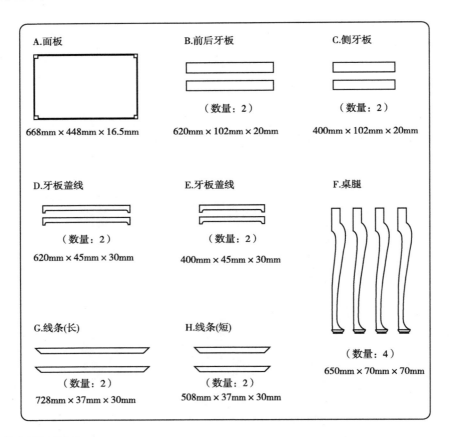

A.面板　668mm×448mm×16.5mm

B.前后牙板（数量：2）　620mm×102mm×20mm

C.侧牙板（数量：2）　400mm×102mm×20mm

D.牙板盖线（数量：2）　620mm×45mm×30mm

E.牙板盖线（数量：2）　400mm×45mm×30mm

F.桌腿（数量：4）　650mm×70mm×70mm

G.线条(长)（数量：2）　728mm×37mm×30mm

H.线条(短)（数量：2）　508mm×37mm×30mm

二、分步制作详解

1. 取部件F，画线，使用车床车削部件F底部形状，使用多米诺开榫机打孔。

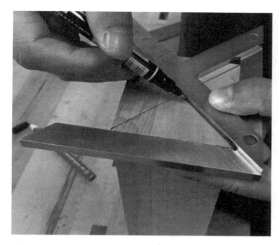

①取部件 F，分别竖直夹持在木工台旁，使用中心规对顶底两面进行画线，找出中心点

②取部件 F 将四根料并拢，在中心画圆做出标记（记为顶）明确腿部方向（事先使用顶尖敲击中心点留下印记）

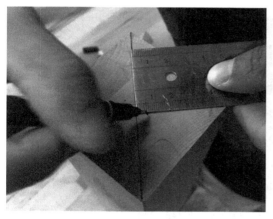

③将部件 F 翻转，反面朝上，从对角线中心，向底面内侧，量取 5mm

④以此 5mm 标记为圆心，装置于车床上

⑤使用车床车削出部件 F（桌腿）底部圆形结构

⑥从车床上取下部件后，依次对底部做出标记

模块二　实操

⑦利用模版

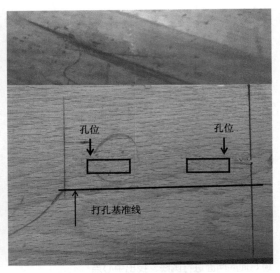

⑧以部件F（桌腿）外侧边为打孔基准线

⑨将多米诺开榫机基准面上的20mm线对准顶部边线进行打孔

⑩换至另一边，同样距离进行打孔

2. 使用细木工带锯配合台锯锯切部件F形状，用鸟刨手工刨削弧度。

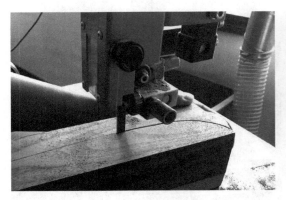

①分别取部件F，使用细木工带锯对画线一面进行形状锯切

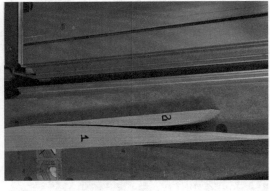

②将锯切掉的两个部分标记数字1、2

③腿两侧圆弧锯切完成后使用砂带机对切割面进行打磨

④使用胶带,将部件1、2重新粘回到切割面上(确保部件F桌腿始终是方正的)

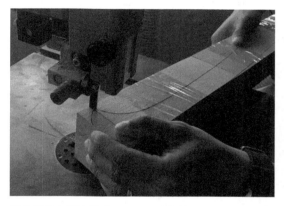

⑤将部件上标有数字1、2一面翻转90°,另一面朝上使用带锯进行形状锯切

⑥将锯切下的部件分别标注数字3、4

⑦取画线模板1、模板2,分别放置于弧面上进行形状的重新过线(此步骤是为打磨弧度时有外轮廓线做参照)

⑧使用砂带机,顺着底部圆形同时对部件F的棱角和形状进行打磨

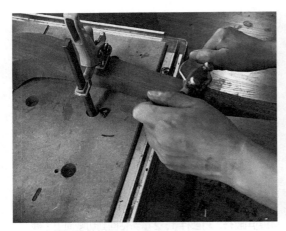

⑨使用鸟刨对部件 F 进行弧度的刨削

⑩取部件 F，使用型材切割锯对顶端多余部分进行截料（尾端应设置限位挡块，起到限位及稳固的作用）

⑪ 取模板 1，使用台锯对部件 F 顶端进行第一刀锯切

⑫ 换用模板 2，将部件 F 翻面固定在台锯上进行第二刀锯切

3. 制作部件 D、E 并打孔。

①分别取部件 D、E，使用模板进行画线

②使用细木工带锯分别对部件 D、E 进行轮廓锯切

③使用螺丝分别将锯切好的部件 D、E 与模板连接

④将仿形铣刀安装于倒装铣机上,调节刀头的高度

⑤对部件 D、E 分别铣型

⑥配对,用夹具固定于模板上画线,标记两侧打孔位置(部件侧边到榫眼中心距为 11cm),使用多米诺开榫机打孔

⑦对另一侧对称标记线处进行打孔

4. 分别对部件 B、C 画线打孔。

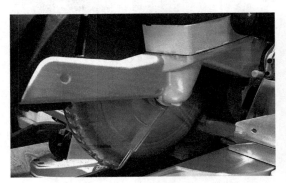

①分别取部件 B、C，使用型材切割锯根据尺寸截料

②分别取部件 B、C，在大面上标注里和外，在上下两端分别标注顶和底

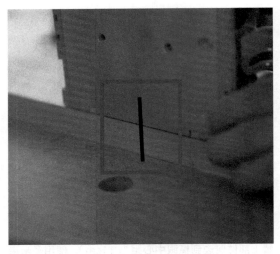

③分别取部件 B、C，使用多米诺开榫机，以部件外侧底边为打孔基准面，对准榫眼中线进行打孔（两侧各打一个）

④将多米诺开榫机基准面翻转 90°，分别对部件 B、C 两侧顶端进行打孔

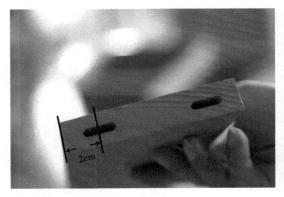

⑤侧边到榫眼的中心距为 2cm

⑥将部件翻转，以内侧顶边为基准线，量取 8mm，做标记

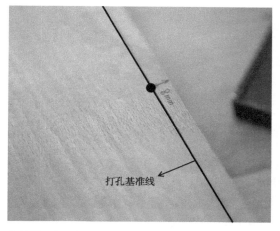

⑦将线延长,标记中点

⑧将中线过至侧面(以便使用多米诺开榫机打眼对线时更准确)

⑨从两侧分别向内截取11cm的距离(两侧到榫眼中心距),做出标记

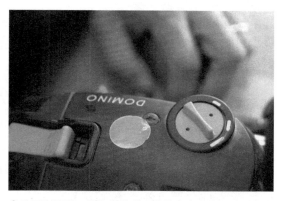

⑩使用多米诺开榫机打榫前,将榫眼宽度旋钮转至最宽(留有足够的空间让榫头在榫眼中自由调节位置)

⑪将打孔深度档位拨至"15"

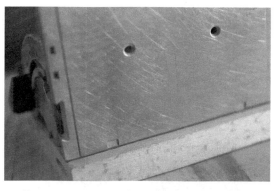

⑫使用多米诺开榫机沿打孔基准线进行打孔

⑬ 两端及中间各打一个　　　　　　　　　　⑭ 插入榫片测试松紧度

5. 试安装，对部件 D、E 弧度进行锯切并打磨，最先上胶组装。

①试安装桌体，用夹具将部件 D、E 与部件 B、C 固定　　②沿腿部外侧弧度，对部件 D、E 弧度进行画线

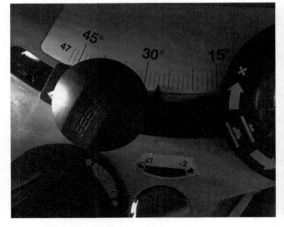 

③将推台锯的锯片角度调至 27°　　　　　　④分别取部件 D、E，使用模板进行角度锯切（打孔基准面放置于内侧）

⑤使用砂带机分别对部件 D、E 弧沿线度进行打磨修整

⑥将部件 B、C、D、E 上胶组装，用夹具固定

6. 制作部件 A。

①取部件 A，使用推台锯对宽度进行截料

②取部件 A，使用型材切割锯对长度进行截料（材料过宽，先锯切第一刀）

③取部件 A，使用型材切割锯对长度进行截料（将材料翻面锯切第二刀）

④取正确尺寸的 T 形刀，装于倒装铣机上，适当调节刀头高度

⑤使用倒装铣机对部件 A 进行宽度为 5mm 的铣槽

⑥在部件 A 的槽口处各量取 20mm

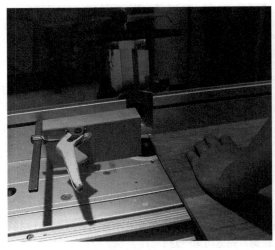
⑦使用倒装铣机，根据标记铣出槽口（注意在铣机台面的左侧设置限位挡块）

⑧使用木工凿，沿标记线对直角边进行修整

7. 取部件 G、H 分别铣型，锯切顶端 45°角，使用霍夫曼开榫机打榫连接。

①制作线条第一步：使用圆底刀铣出大圆弧

②制作线条第二步：使用梯形刀铣出外圆弧

③制作线条第三步：使用台锯将线条从中间切断

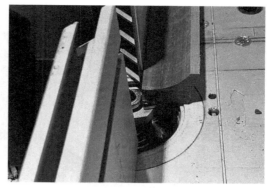
④制作线条第四步：使用平底刀铣出L形槽口

⑤将型材切割锯底部度数盘转至45°角，将模板固定在锯切台面上，分别对部件G、H进行角度和长度的锯切

⑥使用霍夫曼眼尾榫机分别对部件G、H打出燕尾榫（注意在两侧设置模板，增加操作时的稳固性及准确性）

⑦在线条端面涂抹适量胶水，敲入霍夫曼燕尾榫

⑧使用夹具固定（用湿布擦去多余胶渍）

8. 打磨，组装，表面涂装。

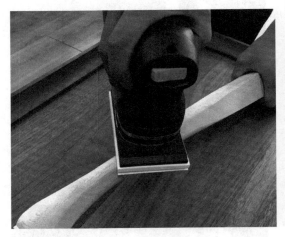

①对部件进行打磨

②上胶组装桌体，用夹具固定并使用湿布擦去多余胶渍

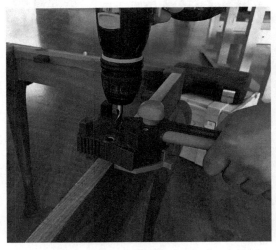

③待胶渍完全干燥后，使用钻孔限位器在牙板四周打孔

④将顶尖放入孔中

⑤安装面板

⑥再将线条搁置于桌体上，通过顶尖定位

项目五　安娜女王茶桌　95

⑦使用台钻对线条顶尖标记部位进行打孔

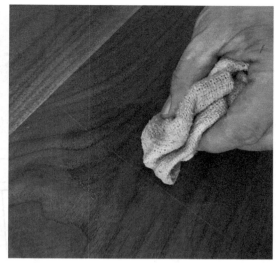
⑧整体安装打磨后进行表面涂装

项目六 换鞋凳

一、部件分解

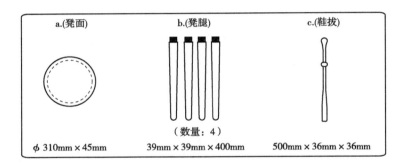

a.(凳面) φ310mm×45mm

b.(凳腿) （数量：4） 39mm×39mm×400mm

c.(鞋拔) 500mm×36mm×36mm

二、分步制作详解

1. 取部件 a，按尺寸截料，画线。

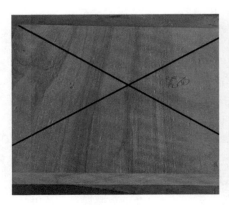

①取部件 a，连接对角线

②以对角线交点为圆心、155mm 为半径，使用圆规画圆

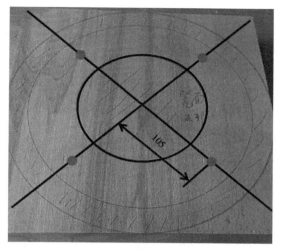
③以圆心为起点,沿对角线分别量取105mm并做标记(此时标记的四点为钻孔的中心点)

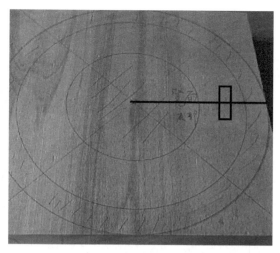
④在与木纹垂直方向处画线,根据尺寸标注出鞋拔孔的位置(34mm×17mm)

2. 使用台钻对部件a的腿部位置进行钻孔。

①将台钻的台面斜度调至7°,使用快夹将部件a固定于模板上,使用直径为40mm的开孔器进行钻孔,钻孔深度为5mm

②换用直径为30mm的开孔器,沿原中心点位置进行深度为40mm的钻孔

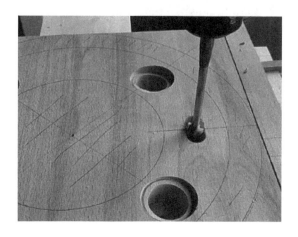
③换用直径为17mm的开孔器,对鞋拔孔位置进行钻孔(左右两端设置限位挡块)

3. 对部件 a 鞋拔孔进行铣型。

①选取直径为 35mm 的半圆定型刀安装于倒装铣机上

②在铣机靠山前设置限位挡块，铣型时双手扶住部件紧靠一侧挡块，垂直落于台面上，匀速移动部件至另一侧挡块

③铣型结束后，先切断电源，待刀头停止转动后再抬起部件

4. 部件 a 木螺纹制作，使用细木工带锯对部件 a 轮廓进行锯切，使用倒装铣机进行仿形。

①手动旋转木螺丝制作工具，由上至下对部件 a 孔进行木螺纹的处理

②使用细木工带锯，对部件 a 轮廓进行锯切

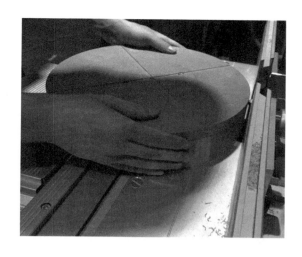

③将模板与部件 a 用螺丝连接,使用仿形铣刀进行铣型

5. 使用倒装铣机,对部件 a 斜度和内圆进行铣削。

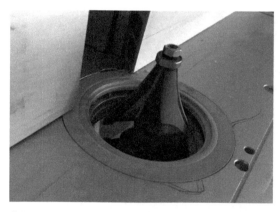

①根据工件形状,选取正确的带轴承的圆角刀,安装于倒装铣机上

②由于凳面较厚,铣削前将刀头先降至低处,再逐步升高,由此控制吃刀深度

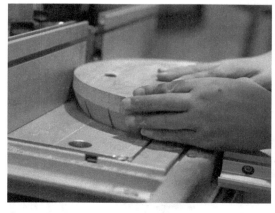

③逐步提升刀头高度,分数刀(不少于 3 刀)对凳面斜度进行铣削

④根据工件形状,选取正确的圆底刀(左)和直刀(右),安装于倒装铣机上

⑤使用圆底刀对内圆铣第一刀

⑥换用直刀，配合靠山，对内圆继续进行铣型

6. 取部件 b，按尺寸进行画线，使用车床车出固定形状。

①取部件 b，使用中心规，对两端分别画线找中心点

②取下车床一侧顶尖，抵住中心点，用槌敲打直至留下印记

③使用打坯刀对部件 b 进行打坯

④部件经过打坯成圆柱体后，使用切断刀进行尺寸的划分

⑤车削的过程中，要不断使用卡尺对所需尺寸进行测量（留余量供打磨调整）

⑥首端车削保证 40mm 的长度（40mm 部分圆柱直径为 32mm）

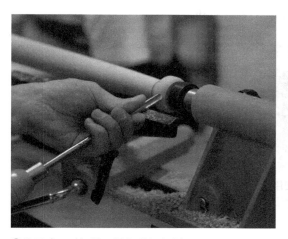

⑦使用碗刀对部件 b 端部进行车削

⑧端部长度可留 15mm，用于支撑和塑形

⑨使用修边刀对部件表面进行修整

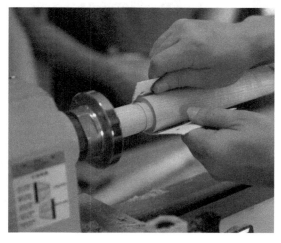

⑩在车床旋转状态下，使用砂纸对部件表面进行打磨

7. 使用木螺纹制作工具对部件 b 进行木螺纹的制作。

①手动旋转木螺丝制作工具，由上至下对部件 b 进行木螺纹的处理（注意保持平行，匀速旋转）

②拆下限位木块，继续对木螺纹进行处理

8. 取部件 c，按尺寸画线，使用车床和砂带机配合制作鞋拔。

①取部件 c，将其固定在车床上，按照固定尺寸进行车削

②取下部件 c，使用带式砂光机进行厚度的打磨

③使用立棍式砂光机对鞋拔形状进行修整

9. 打磨，表面处理（上木蜡油）。

①试装后，对所有部件进行打磨

②吹净部件表面灰尘后，均匀涂抹木蜡油，静置干燥

参 考 文 献

Approved American National Standard. Standard for Safety for Stationary and Fixed Electric Tools[M]. Illinois: Underwriters Laboratories Inc, 2007:02-15.

Fine woodworking. Choosing bandsaw guides[M]. Connecticut: Woodworking books & Videos, 2001:22-30.

Instructional Fabrication. Saic Instructional Shops—Woodshop Authorization[M]. Chicago: School of The Art Institute of Chicago, 2018:25-45.

JET. Operating Instructions and Parts Manual[M]. Connecticut: JET Press, 2019:06-15.

JPW Co,ltd. Use of woodworking planer[EB/OL]. Wikipedia, 2019.https://en.wikipedia.org/wiki/Planer.

Lonnie Bird. Taunton's Complete Illustrated Guide to Using Woodworking[M]. Alaska: Taunton Press, 2009:15-18.

Time-Life Books.The art of woodworking – woodworking Machines[M]. New York:St. Remy Press, 2004:25-36.